JN121600

いつも、日本酒のことばかり。

I ALWAYS THINK ABOUT SAKE.

KIYOKO YAMAUCHI

山内聖子

イースト・プレス

いつも、日本酒のことばかり。

はじめに

いつも、日本酒のことばかり考えています。

はじめまして、山内聖子と申します。

唐突に書いてしまいましたが、冒頭の言葉のように、私は日本酒のことばかりを考えて、毎日を送っている物書きです。気がつけば、そんな生活が当たり前になってしまいましたが、私と日本酒との出会いは、なかなか奇妙です。なので、私ごとではありますが、まずは日本酒と出会ったきっかけについて、書かせてください。

あれは、約17年前。

時給がいいという理由だけで働きはじめた居酒屋で、日本酒をたったひとくち飲んだことが、すべてのはじまりでした。

「たったひとくち」がきっかけだなんて、ドラマティックな場面を想像するかもしれませんが、最初に飲んだのは、お店で扱っていた一升瓶の底に沈んでいた残りもの。しかも、場所は、汚れ物が山と積まれた厨房の洗い場です。劇的なシチュエーションとはほど遠い、ごくありふれた場面でした。

でも、そのときに飲んだ、日本酒のおいしさはしびれるほど衝撃的で、あっという間に日本酒の虜になった私は、よくわからないままに、毎日、毎日、日本酒のことばかり考えるようになってしまったのです。

昼も夜も料理を食べれば、どれそれの日本酒に合うのではないかと思いを巡らせたり、お風呂につかったり、お茶をすすったりすれば、燗酒の飲み心地に似ているなあ、などと妄想してしまう。

本を読んでいても、歌謡曲やJポップを聞いても、日本酒のことを表現するのにいいフレーズを見つけると、メモを取るかメールに記録するのがクセになっています。

私の手帳や携帯電話は、「甘く長い味にうっとり」「日本酒は感情を包み込むクッション」「日本酒の味はライブのように」など、夜ふけに書いたポエムみたいな言葉で、ぎっしり埋めつくされています。

たまに読み返してみるのですが、なんだか気持ち悪くて恥ずかしくなります。
「こんな言葉どこにも使えないじゃないの」と思いながら、次の瞬間には、またいいフレーズがないかと探している、もう一人の自分がいます。

飲んでいる日本酒の酒瓶が空くと、名残おしくてなかなか捨てられません。そして、捨てたら捨てたで、ゴミ置き場に他にも、日本酒の空瓶がないかチェックしないと気がすまない。空瓶がなければガックリ肩を落とし、あれば心がパ〜っと明るくなる。「誰だか知りませんが、よくぞ飲んでくれました」とニヤけて、その瓶をなでたりする。私のすきな銘柄であれば、なおさらです。

酒瓶を捨てた後に、用もないのに空瓶をあさる女の姿は、さぞ怪しかろう。自宅のマンションのゴミ置場では、たびたび管理人さんと出くわし、何度、白い目で見られたことか。

そのたびに、自分はおかしいんじゃないかと思うのですが、体が勝手に動くのだから止められない。もともとポエマー気質があるのかもしれませんが、空を見上げても道を歩いていても、なにを見ても触っても、頭から日本酒のことが離れないんです。

日本酒について書く仕事をしていると「飲んでいるときも仕事なんてたいへんですね」なんて言われることもありますが、仕事という自覚もなくて、ほんとうはただすきで飲んでいるだけなんです。このお酒はなにが言いたいのかなあなどと妄想しながら、いつもおもしろがって飲んでいるというのが正直な気持ちです。

いつのまにか、そういう状態が、私にとってふつうの日常になっています。

実は、日本酒に出会う前は、お酒や料理を出す自分の店を持つという目標がありました。順調にいけば、小さくとも酒場という自分の城を築き、常連さんと談笑しながらお酒を酌み交わし、ささやかに生計を立てていくはずでした。

ところが、日本酒を知ってしまったことで、自分の店を持つという目標をすっぽかし、世間にもっと日本酒を広めるのが私の使命なのではないか、などと大それた志を勝手に抱いてしまいました。

すくない給料のなかからなんとかお金を捻出し、唎酒師の資格をとったり、日本酒教室に通ったりもしました。片っぱしから日本酒の本を読みあさり、酒蔵を訪ねて蔵元と会話を重ね、このことを誰かに伝えたいと、密かに考える日々を重ねていました。

そして、結果、人に見せる文章など書いたこともないのに、私は15年前にとつぜんライターになってしまいます。

勝手になったのだから、仕事もなければ出版社のつてもありません。頼る人もいなければ、仕事にするためにいちばん重要な、ライターの経験もない。文章を書く才能はもっとない。

ないないづくしなのに、日本酒まっしぐらの私はいきり立ち、日本酒のことを書きたいという思いを募らせていきました。「ちょっと落ち着きなさいよ」と当時の自分に突っ込みたくなるくらい、私は日本酒に夢中になっていたんです。

今となっては、どうやって出版社の人と知り合ったのか、よく覚えていないんですが、夢中というのが唯一のとりえであり、救いだったのかもしれません。

日本酒の特集じゃなくても「書いてみる?」と声をかけてくれたり、下手な文章に根気よく向き合ってくれる編集者の方々と出会えたおかげで、すこしずつライターの経験を積んで仕事を増やし、徐々に日本酒の記事を書くようになって、約5年前には、初の著書『蔵を継ぐ』(双葉社刊)を出すまでになりました。

そして、今、本書の「はじめに」を書いています。

しかしながら、今でも、ふしぎな気持ちになることがあります。なぜ私は、日本酒を書くことを諦めなかったのでしょうか。いくら日本酒をすきで広めたいと言っても、絶望的に文才がなく、文章を書くことが苦手だったのに、日本酒を書きたいとつよく思ったのは、果たして、自分の中でなにが起こったのでしょうか。そう考えると、書けないのに書きたいと願った、矛盾している自分がよくわからなくなります。

ここまで、私を突き動かしてしまった日本酒って、いったい、なんなのでしょう。

おいしい、というのはもちろんですし、日本酒は、酔いがゆるりと下におりてくるような、ホッとする感覚が、飲んでいて最高に気持ちいいお酒です。

さらに日本酒をつくっている蔵元は〝素敵〟のかたまりのような人たちばかりだったのが、もっと日本酒の魅力を書いてみたいと、私を突き動かした理由のひとつでもあります。

でも、それだけではない、言葉では言い表せないような、魅惑的なものが日本酒にはある気がしています。意識しなくても、ついつい惹かれてしまう、引き寄せ力があるとでも言えばいいでしょうか。

日本酒は、知れば知るほどわからなくなり、ときに、わからないことすらわからなくなる。まったくもって日本酒とは、謎に満ちたふしぎなお酒なのです。

本書では、この「日本酒って、いったい」をひもとくべく、さまざまな切り口から、日本酒を解体し、虫眼鏡を当ててみたい。

私は改めて、日本酒のことを深く考えてみたいと思う。

第一章　日本酒について考えていること

第二章　じっくり、つくられる

第三章 むかしの話

第四章 日本酒の今

Illustration Aki Ishibashi
Bookdesign Albireo

第一章

日本酒について考えていること

前置きのようなもの

日本酒を飲んでいつもおどろくのが、たんにおいしいだけではなく、なんとも言いがたい、いろいろな味がする、ということでした。

どれを飲んでも、こういう味です、とすぱっと言えるものはなく、甘いような苦いような、あるいは、ふっくらしたまるみもありながら、しゃんとしたキレもある、というように、それぞれのお酒に、豊かな表情があります。

口にふくんでから、ごくりと喉を通るまでは、ほんの数秒なのに、走馬灯のように、めくるめく味わいが広がっていくのが、飲んでいてわくわくします。

ところが、めくるめく味わいに反して、ほとんどの日本酒は、見た目が、そっけないほど、透明な液体なのが、おどろきです。

そして、日本酒について知れば知るほど、おどろきは、心のなかでしぼむどころか、今もますますふくらんでいます。

日本酒は、米、米に菌を生やした米麹、水が主原料ですが、米を削る精米からはじまり、お酒の瓶詰めをしたあとの貯蔵管理もふくめて、10以上の工程を経て、透明な液体になります。

手間をかけたお酒、とは、単純に言葉にしたくないくらい、その手間のなかには、これまで、無数の人たちが、長い時間をかけて、生み出した知恵や技術、苦労だけではない、日本酒をつくることのたのしみや、よろこびなど、つくる人のうれしさも、たくさん詰まっています。

なのに、日本酒は、水のように透明です。さらさらと、軽やかです。

あらゆるものが詰まっているのに、最後は透明になる。なんという、はかなさ。

私は、酒瓶から、日本酒を器にそそいでいると、ほんのひととき、言葉を呑んでしまうような、切ない気持ちで、胸がいっぱいになることがあります。

日本酒の、積み重ねてきた歴史も、つくる人の感性や、深い叡智、つむがれてきた想いも、すべて、無数のきらめきとして、透明な液体に溶けている。そのことに、今でも私は、ときに、信じがたい奇跡を見るような気持ちで、日本酒を眺めてしまいます。

もしも、日本酒に出会ったなら

つまり、言いたいことはこうです。

もしも、日本酒に出会ったなら、
まだ口にしたことがない人も、そんなに興味がない人も、
まず、飲んでみませんか。

なんらかの理由で日本酒が嫌いだというあなたは、もう一回飲んでみてほしいんです。

ちょっと押しつけがましい言いかたになってしまいましたが、お酒を飲めるすべての人に、自信を持っておすすめできるほど、今の日本酒はおいしいからです。

人によって嗜好がちがうのは当然なので、すべての日本酒を、まるごとすきになってくれるのはむずかしいと思いますが、ひとくちでもいいので試してみる価値はあります。

私は日本酒に出会ってから、今がいちばん、いい日本酒の力を信じているからです。

どんなものでも、ピンからキリまでが混在しているように、今の日本酒も質が高いものもあれば、凡庸なお酒もあります。後に触れますが、日本酒は管理によって味が変わってしまう場合があるので、ざんねんな化けかたをするお酒もまだあります。

しかし、日本酒のキリ（最低）の底上げぶりは、近年、目を見張るものがあります。優秀なトップによって、おのずと下が引き上げられるように、いい日本酒がどんどん出てきたおかげで、キリの立ち位置もぐっと上に伸びつづけています。

ひとむかし前のキリと今のキリでは、雲泥の差と言葉にしても、言い過ぎではないと思います。

それくらい、キリを底上げする影響力を持ったいい日本酒が今はたくさんあり、いい日本酒をつくる酒蔵はどこも、常に高みを目指しているので、うっかり後ろをふり返れば足がすくむほど、天井はどんどん高くなってきています。

きっと、これから先10年の間に、漫然とつくっている日本酒は足元をすくわれて転落するか、かろうじてハシゴにしがみついているかの、どちらかになり、激しい淘汰がくり返されると、私は予想しています。

なんだかおそろしいことを書いてしまいましたが、それほど、今の日本酒は進化が現在進行形で終わりが見えず、つくり手が自分で自分の首を締めているとしか思えないくらい、キリキリした試練を、酒蔵が自らに課しています。

私が日本酒に出会った17年前は、正直、ここまでは言えませんでした。あれこれ理由をつけず、まず、「飲んでほしい」と迷わず伝えたくなるのは、今だからこそです。

17年前は、「日本酒を飲むなら専門の居酒屋さんがいいですよ」「買うならぜひ地酒屋さんで」など、日本酒を飲んでみたいという人に対して、ずいぶん細かい前置きみたいなことを話していました。

今でも、日本酒専門の居酒屋さんや、地酒屋さんで日本酒に出会ってほしいという気持ちはつよいのですが、最近では、はじめの前置きは外すようにしています。

おいしい日本酒に出会える確率は、むかしは宝くじに当たるくらいまれだったかもしれませんが、今は神社のおみくじで大吉が当たるくらい、はるかに高くなったからです。

冷酒がいい燗酒がいい、というような温度の区別もないです。

銘柄によって、適した飲用温度は異なりますが、どんな温度帯でも、いい日本酒は、それぞれにおいしい。これに尽きます。

また、私が感じているうれしい日本酒の進化なのですが、最近では、ひとつの銘柄でも適した温度の幅が広くなっています。

とくに冷酒で飲むタイプの日本酒が、そうなってきていると思います。冷酒と書かれていても、常温や燗酒にしてもいい。日本酒が一本あるだけで、冷たいのもあったかいのも、おいしく飲むことができるんです。

保存も楽になりました。

日本酒は、他のお酒にくらべると温度変化によわく、味が変わりやすいのは否めませんが、以前にくらべて酒質がつよくなっています。

つよいとは、すこしくらい冷蔵庫に入れずに室温でほったらかされてもへっちゃらで、温度変化にお酒が負けず、劣化しにくくなったということです。

そういう丈夫な日本酒が増えています。

私の自宅でも、封を開けたままそこらへんにうっかりほったらかしてしまい、慌てて口にしたことがあるのですが、おいしくて目をまるくしたことが何度もあるんですよ（とはいえ、冷酒タイプは基本的に冷蔵庫で保存してくださいね）。

おいしいだけではなく、飲む人に楽をさせてくれるなんて、日本酒はえらいなあと感心してしまいます。そこまで、つくり手は日本酒をよくしているのです。

日本酒づくりだけではなく、蓋を開けやすくするとか、持ち運びを便利にする瓶を採用するなど、備品も含めて、微に入り細に入り、終わりのない模索をつづけています。今後も日本酒はもっとよくなるでしょう。

ところが、それと反比例するように、日本酒を飲む人は増えていません。

国税庁のデータ（酒類販売数量の推移）によると、昭和50年くらいをピークに日本酒の消費量は下がりつづけ、現在は当時の1／3まで消費が落ちこんでいます。毎年3～5％のスピードで、消費が減りつづけているのです。

日本酒がブームだと言われた時期もありましたが、話題になってもそんなに飲まれていないのが現実です。

日本酒はどんどんおいしくなるのに、飲む人が増えないのはなぜでしょうか。

私なりにずっと考えてきたことなのですが、愛好家をのぞいて、現代の多くの日本人にとって日本酒は、たぶん身近なお酒ではなく、悲しいことに、日常になくても困らない、ということなのだと思います。

とりあえず飲んでみようかと、手が伸びる気軽さがなくハードルが高い、あるいは飲みにくいなどと誤解されたまま時間が流れ、今に至っているのではないでしょうか。

ただ、おいしい日本酒を飲んでみたいという人は、陰に隠れているだけで、まだたくさんいるはずです。

日本酒のことをもっと知りたい、ほんとうは日本酒がすきなんです、と仕事やプライベートで言われることがものすごく多いからです。

ですから、いちばんの問題は、日本酒に興味がある人と日本酒の距離が近くない、ということなのかもしれません。私の知る限り、多くの人たちは、日本酒の世界に通じる、最良の入り口はどこにあるのか、探しているように見えます。

それを解消すれば、日本酒を飲む人が、さらに増えていくのではないでしょうか。だって、日本酒はもう、人を振り向かせるほど充分おいしいんですから。

私はこれからも日本酒のおいしさを信じて、はっきり言いたいと思います。

もしも、日本酒に出会ったなら、ひとくち、飲んでみませんか？

自分のすきな味がある

すきなタイプの日本酒（味）を聞かれたとき、みなさんならどのように答えますか？

もしかしたら、パッとひとことで言葉にできる人は、すくないのではないでしょうか。日本酒とは、ひとくくりにできないほど各々に微細な個性があり、まったくもって複雑な味がするお酒だからです。

私は日本酒の味を想像するとき、色の比較や測定に使う、カラーチャートを思い浮かべてしまいます。

カラーチャートには、赤や黄色といった明確に分けられる色があるだけではなく、おなじ赤でも濃淡がちがう色もあり、赤をベースに緑や青など、他の色を混ぜてつくる色もあります。

横にも縦にも斜めにも、派生していく色の無限のループとも言える、カラーチャートみたいな個性を持っているのが、日本酒の味ではないでしょうか。

たとえば、日本酒の中でもっとも値段が高い大吟醸は、純米酒や吟醸酒などよりも、透明感があるクリアな味わいが持ち味で、日本酒のなかでいちばん白に近いかもしれません。しかし、銘柄によってベースの色は同じでも、個性はそれぞれに異なります。

艶がある味は、白に近い紫がかったピンクで、爽快な味は、白にやや黄色と緑が混ざった若草色というように、どれも色彩がちがうんです。

日本酒には、うまみ、甘み、酸味、苦み、渋み、辛みなど味の要素がなにかしら含まれているのですが、基本的にはこれらが細かく密集し、マーブルカラーのように絡み合って味わいを形成しています。

軽いのもあれば重いのもあり、濃い淡い、明るい暗い、というように、性格もいろいろあります。

口に含んだときに匂う香りも、日本酒の味を形づくる大切な色のひとつです。

日本酒の香りには柑橘系や熟した果物みたいな匂いもあれば、スミレや百合など花の香り、アーモンドやナッツ、枯葉のようなダークな香りもある。どんな香りがお酒の味を包むかで、華美なのか控えめなのか表情がガラリと変わります。

また、どの酒蔵でつくられ、どの人がつくったのかというのも、日本酒の味に影響を与えます。

日本酒の世界には「酒屋万流（さかやばんりゅう）」という言葉があるのですが、酒蔵によって方針やつくりかたは、それぞれちがうとむかしから伝えられています。全国には１０００以上の酒蔵がありますが、おなじ原料を使い、おなじ製法でつくったとしても、酒蔵の風土やつくる人がちがえば、おなじ味には決してならないのです。

さらに細かく突き詰めていくと日本酒は、飲むタイミングと酒器、温度でも、味がちがうんです。着物なのか洋服なのか服装によって人の印象が変わるように、手に取った人がなにをどうお酒に施すかで、味を変えることができます。

ひとつの銘柄でも開封したばかりなのか時間が経ったものなのか、冷たいのか温かいのか、酒器はグラスなのか陶器なのか、グラスで飲んでいたものを陶器の盃にうつすだけでも、日本酒の味は印象を変えます。

くり返しますが、それほど日本酒は、こういう味です、と端的に表現できないほど多くの要素が介在し、まるで細かく縫った編み物のように、緻密な要素で構成されています。

専門的な話をすると、日本酒の種類は大吟醸や純米酒といった、特定名称という名前で区分けされていますが（Ｐ26コラム）味わいは、そんな枠に収まりません。純米酒だから吟醸酒だから、と種類によって単純に味を分けることなどできないのです。

日本酒とは、枠にはめようとしても、するりとこぼれ落ちて、とっ散らかるような、ややこしい味でもありますが、そこが魅力です。

1000の日本酒があれば1000の味があったほうが、自分のすきな味がどこかに必ずあると期待できますよね。

カラーチャートのように、無限のループの個性を持つ日本酒。

あなたが飲んでいる日本酒は、どんな色をしていますか？

コラム

特定名称について

特定名称とは？

清酒（日本酒）の製法や品質の基準を満たしたものに名づける、国税庁が平成元年に制定し、平成2年から適用された名称（平成15年に一部を改正、翌年に適用）。種類によって規定が異なります。

平成元年までは製法や品質が基準ではなく、税をどれだけ納めたかで名称が変わり「特級酒」「一級酒」「二級酒」など級別に名づけられていました。

まずは、次の区分けをご覧ください。

（わかりやすく省略化したものなので、くわしいことが知りたい方は、国税庁の「清酒の製法品質表示基準」の概要https://www.nta.go.jp/taxes/sake/hyoji/seishu/gaiyo/02.htmをどうぞ）

原料が「米・米麹・水」のグループ

純米大吟醸酒・精米歩合が50%以下

特別純米酒・精米歩合は60%以下または特別な製造方法を表示する

純米酒・精米歩合は不問

原料が「米・米麹・水・醸造アルコール」のグループ

大吟醸酒・精米歩合が50%以下

吟醸酒・精米歩合は60%以下

特別本醸造酒・精米歩合は60%以下または特別な製造方法を表示する

本醸造酒・精米歩合は70%

さて、ここで専門用語がいくつか出てきたので解説しますね。

くわしくは第2章で紹介しますが、精米歩合とはどれだけお米をみがいたかの比率で、精米歩合60%の場合は、玄米を40%削って残ったのが60%ということです。

精米歩合の数値が低いほど値段が高くなって（数値が低いほど米を削る時間とコストがか

かる）、味わいが洗練されていきます。

また、醸造アルコールという、お酒をしぼる前に添加する蒸留酒（主な原料はサトウキビ）を添加している日本酒は、頭に純米がついていません。

米麹とは米に麹菌を生やしてつくるもので、発酵を可能にする原料です。

体がほぐれる

今までよく飽きずに、日本酒を飲みつづけているなあと思います。たまには休肝日をもうけているのですが。日本酒に出会ってから17年もの間、私がお酒を飲むときに日本酒を外したことは、あまりないような気がしています。

無理矢理ではなく、自然に自分の生活に、寄り添っています。

私の中でそういうものは、なかなか他に見当たらないです。

とりとめのない自分の話なのですが、日本酒と私は、出会ってからスパークするような関係がしばらくつづいたものの、今ではときに倦怠期すらある、長い連れ合いみたいな付き合いになってきています。

あるとき、日本酒を飲みながら打ち合わせをしていた編集者に、「山内さん（私）は呼吸をするように日本酒を飲むね」と言われたことがあります。

ああ、そうか、と気がつきました。日本酒は、空気に近い存在かもしれないですね。

もはや、私にとって日本酒は前提にあるものです。

存在を意識しなくても、常に私とともにあるもので、生活のなかで当たり前のようにどこかに必ずいてくれる、素敵な気配でもあります。なぜ日本酒を飲むのかを自分に問うのは愚問なほど、身近すぎる存在になってきています。

ところが、ふだんは存在を意識していなくても、私のなかから日本酒を取りのぞいてしまえば、どうにも息苦しくなり、なんだか本来の自分じゃないみたいになります。禁断症状ではありません。日本酒を飲むことを、やめたくてもやめられない、というような誘発される感覚とはちがいます。

心が満ち足りずに、どうにもさびしくなってしまう感じでしょうか。

それがわかったのは、すこし前のことです。

実は一度だけ、私にとって日本酒とはどんな存在なのか、じっくり考えてみたいと思ったときがあり、思い切って日本酒を断って、2週間くらい過ごしたことがあります。たんに、日本酒を飲まない生活を送るというだけのことでしたが、2週間も日本酒を飲まないのは、私にとってはおおごとでした。

結果はどうなったかというと、自分でもおどろいてしまったのですが、意外なことに日本酒がない生活をできなくはないのです。

たいへんなことになった、と私は焦りました。

日本酒に惚れた腫れたといきり立っていたのはなんだったのか、日本酒がない生活なんて考えられないと公言していたのは嘘なのか、すきなのは思い込みだったのか？

日本酒がない生活をした2週間後、私は唖然としてしまいます。つよすぎるくらいの日本酒愛をもっていると信じていた、自分の意思がわからなくなり、混乱してしまいます。頭のなかで〝なぜ〟がリフレインのように鳴り響き、考えても考えても、理由が見つかりません。

そして、たまらず、「フ〜〜〜」と低い声とともにおおきなため息をつきながら、自宅の床に倒れこむように、仰向けになってしまったのです。

しかし、その瞬間に、そうか！　と、私はガバッと飛び起きました。

おおきなため息をついたことで、気がつかないうちにガチガチに固まっていた、かたまりみたいななにかが和らいだような感覚になり、しばらく「ホッ」と肩の力を抜いて和んでいない自分を、体が教えてくれたのです。

よくよくわかったのです。

きっと、日本酒がなくても生きていくことはできますが、私にとって日本酒がない生活は、心が乾いてよりどころを失った人みたいにさびしい。

でも、日本酒が生活のそばにあれば、飲むたびに「ホッ」とできて、ちぢこまった体をのびのびとほぐしてくれる。なにがあっても、「ま、いいか」と気持ちを楽にしてくれます。日本酒には、甘やかし成分みたいなものが入っているのではないかなあと、思うくらいです。

酔いかたが他のお酒とちがうんですよ。

どのお酒もおいしいものは、気分よく酔う、という点は一緒ですが、日本酒の酔いは、裾野が広がるようにじわじわ下におりてきます。

それにくらべて、ビールやワイン、本格焼酎、ウィスキーなどのお酒は、どちらかというと酔いが上にのぼって高揚したり、一点を見つめるように没入したり、ピンと背筋を伸ばしたくなったりする気がしています。

お酒という液体がしんしんと体におりてきて、全身に染みわたるような感覚を味わえるのは、日本酒ならではの酔いかたではないでしょうか。

日本酒をつくる蔵元さんや、杜氏さんたちは、さまざまなお酒を飲む人が多いのですが、日本酒を飲んだときの表情がいちばんやわらかいです。

私よりもずっと、日本酒が前提の生活をしているのですから、当たり前のことかもしれませんが、表情がやわらかくなるのは、日本酒の酔いがもたらす、和らぎ効果ではないかと思っています。

ただの思い込みかもしれませんが、私が日本酒を飽きずに飲みつづけてきたのは、味がすきなだけではなく、飲んでいてホッと気持ちが和らぐからです。日本酒は、体がほぐれるような、のびのびした酔い心地を与えてくれます。

マイペースで飲む

お酒がすきな人にとって、飲むペース配分を考えることは、ものすごくむずかしいですよね。おいしいお酒は、飲みすぎることは簡単でも、自制することはなぜあんなに困難なのでしょうか。

私も、ちょっと一杯のつもりで酒場に出かけても、こういう日に限って、お気に入りの日本酒に出会ったりして、自分への約束など守った試しがありません。

「体がほぐれる」で書いたように、日本酒の酔いは、裾野が広がるように下におりてくるので、いわゆる「根が生える」状態になります。

飲めば飲むほど、座っている椅子に根が生えて立ち上がれなくなり、ひどい日には大木のごとくどっしり根は育ちつづけ、なんとか這い上がるように立ち上がったときには、おろおろと酔っぱらって倒木寸前になる。

言うように帰って自宅で倒木し、翌日、二日酔いで目が覚める、なんて経験がみなさんにはありませんか？

私も10年くらい前までは、そういうことが、けっこうあった気がしています。

でも、今では、ちょっと一杯だけ、の約束はほとんど守られていませんが、二日酔いにだけはなるまいと、あの手この手を使って頑張っています。

頑張っています、だなんて、えらそうに言うほどでもないのですが、このことに関しては、けっこう真面目に取り組んでいます。

なぜ、頑張っているのかというと、ひどく二日酔いになった話を、いろんな人にすると「日本酒は酔いやすいからね」「翌日に残っちゃうもんね」などと、安易に言われるのが嫌だからです。

もともと努力などしないぐうたらの身ですし、酔わないくらいなら、日本酒なんて飲まなきゃいいと思わなくもないのですが、もったいない、というのがいちばんの頑張る理由です。

せっかく蔵元さんたちがつくった日本酒を、二日酔いにして台無しにするなんてもったいないですし、私に飲まれた日本酒が可哀想だなと思う。

みなさんが「酔いやすい」と言うように、日本酒はおなじ醸造酒のビールやワインなどにくらべて、アルコール度数が15度～18度くらいといちばん高いのが特徴です（基本的にビールは5度くらいでワインは10～12度程度)。

それなのに、日本酒は飲んでみると、アルコール度数を感じさせないくらい口当たりがよく、するする喉を通ってしまうのが、飲み心地がいい長所でもあり、飲むペース配分を狂わせる危険な部分でもあります。

なにより、おいしすぎるのです。

おいしすぎるので、たくさん飲みたくなりますし、飲んでいるとほんわか気持ちよくなり、この気持ちいい酔いがず～っとつづくんじゃないかと、錯覚してしまう。

酔ったときの錯覚ほど自制をゆるめるものはありません。

なぜか、自分はもっと飲めるんじゃないか、と気がおおきくなって調子に乗り、量が過ぎてしまいます。

では、どうやったら、ゆっくり日本酒を飲むことができるのか。

とても難しいことなのですが、私なりに気をつけていることがいくつかあります。

それは、
つまみを食べながら飲むこと。

お湯をお供にすることです。

ずいぶん単純なことですが、まずは、このふたつをちゃんと守るだけでも、飲むペースを落とすことができて、二日酔いになるメーターはぐっと下がると思います。

まず、空きっ腹で飲むのは、かなりいけません。

つまみを食べないということは、手持ち無沙汰になって、間髪を容れずにお酒を飲むことになり、飲むペースがはやくなってしまいます。

真似はしないでほしいのですが、私は試しに、胃になにも入ってない空きっ腹の状態で、日本酒を飲みつづけてみたところ、翌日にならずともあっさり気持ちが悪くなりました。

最初にアルコールを受け止めるのは胃や腸なのですが、胃や腸をカバーしてくれるものがなにもない状態でお酒を飲むと、アルコールの吸収が早まり、あっという間に血液にめぐっていきます。

アルコールを分解する肝臓は、胃や腸が急激に吸収したお酒を分解しきれずに、アセトアルデヒドという毒素を量産しつづけます。

アセトアルデヒドは本来、時間が経てばちゃんと体で分解されるものですが、肝臓がアルコールを分解する許容量をこえて体に残ると、二日酔いの原因になってしまうんですね。

空きっ腹で飲むということは、火に油をそそぐことであり、化粧をしないすっぴん状態で日光を浴びつづけるのと、おなじようなものかもしれません。

まずは、つまみを食べながら飲むことで、胃や腸をアルコールから保護して吸収を遅らせ、肝臓の負担も和らげることができます。

できれば、肝臓の働きを助ける食べ物を選びたいですね。

タンパク質（肉、魚、卵、大豆製品など）、ビタミンＢ１（豚肉、大豆、落花生、卵）や鉄分（レバー、貝類、海藻類）、マグネシウム（納豆、しらす、牡蠣、青魚）などを含むつまみがおすすめです。

健康のことばかりを考えて飲むのは、ネタバレされた映画を観るようなもので、予定調和に酔う感じがつまらないかもしれませんが、肝臓は酒飲みの友です。

日々、日本酒が飲めるのは肝臓が働いてくれるおかげなので、なにを差し置いても、肝臓は思いやりたいですよね。

そして、私が二日酔いを防ぐ方法としてとくにお気に入りなのが、チェイサーにお湯を飲むことです。

全国の酒蔵を束ねている、日本酒造組合中央会では「和らぎ水」という造語をつくり、日本酒を飲むときは悪酔いを防ぐために、一緒に水を飲むことを推奨しているのですが、私は、水の温度を考えてみました。

肝臓は、アルコールを分解するときに、たくさんの水分が必要なのですが、だからと言って、冷たい水をガブガブ飲むと、体が冷えてしまい、余計に調子が悪くなってしまうような気がしています。

体を冷やすことは、血液のめぐりを悪くすることであり、胃や腸、肝臓の働きを滞らせるので、アルコールが体内に長くとどまることになります。

「親の意見と冷や酒は後から効く」ということわざが古くからあるように、冷たいお酒は、なかなか体で分解されず、翌日に持ち越してしまい、ひどいときは頭痛を伴う二日酔いになってしまいます。

なので、私は、氷を入れた冷たい水をチェイサーにするのではなく、お湯を飲んだほうが、体を冷やさず、二日酔いを防ぐのではないかと考えました。

とくに、冷酒を飲むときは、チェイサーをお湯にするだけで、体の冷えを防いでくれます。日本酒をすする合間にお湯を飲むと、胃が温かくなり、口の中がさっぱりして味覚をリセットできる効果もあります（だから余計に飲めてしまうのが玉にキズ）。

冷酒は体を冷やし、翌日にお酒が残りやすいと敬遠する人も多いのですが、今は冷酒でおいしい日本酒がいっぱいあるので、飲まないのはすごくもったいない。

燗酒は、体を温めて血液のめぐりをよくするので、冷酒に比べるとアルコールの分解は早く、翌日に残りにくいかもしれません。でも、わがままな私は冷酒もすきなので、燗酒だけでなく、両方、飲みたいのです。

「和らぎお湯」は、体に負担をかけずに冷酒を飲みつづけるための、私にとっての得策です。お湯を飲みながら日本酒を飲む、ということに違和感を感じる方もいるかもしれませんが、一度試すと妙にくせになり、けっこうハマる人が多いんですよ。ぜひ、試してみてください。

つよい人よわい人

日本酒は、ひとくち飲んだだけでも満足感があるお酒です。

ぜひ、お酒がよわい人にも飲んでほしいなあと思います。

お酒がよわい人に話を聞くと、日本酒を飲むならお酒がつよくなければならないと、先入観を持っている人がたくさんいます。

たしかに、日本酒愛好家の中には酒豪が多いですし、そういう人は日本酒の世界で目立ちます。男性でも女性でも、酒豪はかっこよくも見えます。

実は、かつての自分もそう思っていました。

私が日本酒を飲みはじめたばかりの頃、日本酒をすきな人たちはいくら飲んでも酔わない酒豪ばかりに見えて、自分も飲めるようにならなければ、仲間に入れてもらえないんじゃないかと、勝手に思い込んでいました。

なんとか愛好家のみなさんに追いつけるように、たくさん飲めるようにならなければと、かなり背伸びをしていた時期もあります。飲みたいから、というよりも、飲まなきゃ、と自分をせかすように飲んでいたときもあります。

呼吸をするように日本酒を飲んでいる今の私を知る方は、嘘でしょ、と疑うかもしれませんが、もともと私はそんなにお酒がつよくありません。

母親は、一滴でも飲めば動悸がしてしまうお酒を受けつけない体質ですし、父親は、お猪口一杯の日本酒で、顔が真っ赤になる人でした。

母方の曽祖父や祖父はお酒がつよい人でしたから、自分は、世代を超えて遺伝子が似ることがあるという、隔世遺伝で飲める体質を持っていたのかもしれませんが、私が両親から受け継いだのは、お酒がよわい体質なのです。

このことは、日本酒を飲むようになった最初の頃、ちょっとしたコンプレックスで不安なことでした。たくさん飲めない自分が、日本酒の世界にいてもいいのだろうかと、真面目に悩んだくらいです。

日本酒に出会う前も、ビールやワイン、カクテルなどはかろうじて飲めていましたが、量を飲むことはできませんでしたし、お酒がつよくないことを、そんなに気にしたことはなかったです。

ところが、日本酒の世界に足を踏み入れてから、慣れた手つきで日本酒をたくさん飲む人たちに囲まれるようになると、量を飲めない自分というのがもどかしく感じるようになり、半ば焦りもあったのかもしれません。

いろんな銘柄を飲んでみたいという好奇心と重なり、他の人から、お酒がつよいと見られるように、必死で酒豪を演じていたこともあります。

おかげで、私の場合は、体にアルコールの耐性がついたのか、日本酒をたくさん飲めるようになりましたが、そうなったことは、さほど自慢になることではないなあと、最近は思っています。

日本酒の仕事をしていると、量が飲めることは、長所になります。さまざまな銘柄と出会う機会が多くなり、蔵元さんや酒屋さん、居酒屋さんたちとの交友関係も広がります。

ところが、生活の中で日本酒をたのしむ、ということに重点を置いて考えてみると、お酒がつよいことは欠点にもなり、いいことばかりではありません。

飲みすぎて体調を崩したり、仕事に支障をきたしたり、酩酊して怪我をしたり、事故に巻き込まれる可能性もあります。

あらかじめマイナスなことばかりを考えて、お酒を飲むのはたのしくないですし、飲みすぎて失敗した武勇伝を酒場で聞くのは、おもしろくて愉快です。武勇伝をたくさん持っている人に対して、憧れはあります。

でも、私はどんなに飲んでも、ただテンションが上がるだけで、武勇伝のネタになることがほとんど起きない、つまらない人間です。一緒に飲んだ人たちに、酔っても変わらないと言われることが多く、自宅に帰ってから撃沈するタイプです。翌日、目覚めた後にじっとりと落ち込み、ただ気持ち悪くて体が悲鳴をあげるだけなので、そういう自分の姿を眺めたところで、おもしろくもなんともありません。

つまり、私にとって、たくさん飲めてしまうのは、困りごとでもあるのです。

ぐびぐびお酒を飲み干すおおらかな飲みかたもすきですし、ここぞというときは、二日酔いも覚悟で、浴びるように飲むことだってあります。量が飲めてたのしいこともいっぱいあります。しかしながら、最近、私が素敵だなと思っているのは、日本酒を淡々と飲んでいる、〝お酒上手〟な人たちです。

たまには飲みすぎてしまうことがあっても、いつもは許容を超えない程度に自分が飲める量を守り、誰かにつよくすすめられたり、お祝いやハレの日の宴会で盛り上がって、飲むペースが乱れがちな場所でも、つられることがなく、いい酔い加減でにこやかにたのしく飲んでいる。

そういう人のほうが、おいしそうに飲んでいるように見えますし、日本酒がおいしそうに見えます。ということは、飲む量をセーブできるお酒がよわい人は、私なんかよりもずっと、お酒上手になれる才能があるのではないかと、うらやましくなるのです。お酒がよわい人にもぜひ日本酒を飲んでほしいなあと思います。時間をかけて飲むからこそ、早いペースで飲んでいるときには見えなかった、日本酒のおいしさもあるはずですから。

日本酒のおいしさを、ちゃんと噛みしめるように飲みたいこの頃。

ゆっくり、ちびちび飲む。

日本酒はそんなふうに飲むのもきっとたのしいです。

じみ、ときどき、華があるつまみ

日本酒に合わせるつまみは、なんでもいいと思います。最初から結論を出してしまうみたいで、おもしろみに欠けてしまいますが、ほんとうになんでもいいんですよ。

日本酒は、どんな食べものでも受け入れてくれる、懐が深いお酒です。気づかいができるお酒だと、思うくらいです。

ふつうに家庭で食べているものから、外食で味わえる高級なものまで、料理のジャンルも問いません。

昨今は、洋食や中華、エスニックなど海外の料理を出す店でも、日本酒が飲めるところが、多くなってきています。日本酒の懐の深さが、いよいよ発揮されてきているなあと、感じています。

和食では本来使わない、スパイスやハーブ、チーズなどを取り入れた料理とも相性がよく、日本酒はつまみによって、寄りそうように味を合わせられる、しなやかな柔軟性もあることに、おどろいてしまいます。

ワイン、またはビールなど、他のお酒に合うつまみに、無理やり日本酒を合わせる必要はないと思いますが、なんにでも合うということは、つまみの選択肢が増えるので、とてもいいことです。

なぜ、日本酒は、こんなにもいろんな料理に合わせられるのか、考えてみたのですが、白いごはんに、たとえられるのではないでしょうか。

白いごはんは、どんな食べものに対しても、調和しようとします。

他の食べものを打ち消したり、ぶつかって喧嘩するようなことはせずに、あくまでも、基調に徹する。そういうありかたが、どことなく日本酒と重なってしまいます。

単純な話、日本酒は米からできたお酒なので、白いごはんに合わせられるものは、なんでもつまみにしていいと思います。和食であれ洋食であれ、白いごはんと合わないものって、あまりないですよね。

なにがなんでも、白いごはんがほしくなるかどうかはさておき、まったく合わない料理って、ほぼないのではないでしょうか。そう考えると、つまみのレパートリーは無限大です。

日本酒には、バナナやメロンのような香りや、柑橘に似た酸味を感じる、米のお酒とは思えない個性派もありますが、なんだかんだ言っても最後は、白いごはんとおなじく基調になるのがふしぎです。

飲食店で接客をする人や料理人など、サービスのプロからすると、なんでも合わせられるというのは、やりがいがなく、つまらないかもしれません。どんな料理を組み合わせても、なんとなく、合ってしまうからです。

日本酒は、1＋1が3にも10にもなるような、味わいがぐんと広がる衝撃的な相性は、つくりにくい。それをいつも再現するのは、もっとむずかしいのではないでしょうか。

日本酒の味わいのなかには、うまみ、甘み、酸味、苦み、渋み、辛みなどが、多角的に含まれていて、しかも、開封したタイミングや温度、どの器にそそぐのかによっても、見せる表情がちがいます。

なので、ひとつのつまみと、ひとつの日本酒を合わせて、ぶつけるように厳密に、相性を追求することに固執してしまうと、日本酒のいいところが隠れてしまうような気がしています。相手を受け入れるおおらかさや、つかみどころがない多角的な表情が、色あせて、失われてしまうのではないでしょうか。

日本酒は、さまざまな味わいが絶妙なバランスで混在している、総合力のハーモニーです。

団体戦でつよいチームなのに、誰かひとりを引っこぬいて、個人戦で戦わせるような、合わせかたをすることは、日本酒に無理をさせやしないかなあと、つい考えてしまいます。ですから、私がふだん日本酒を飲むならば、白いごはんに合う、ふつうのつまみがいい。見た目はパッとしない、じみなつまみで、地味で滋味。単調または暗めの色合いで、華やかさはあまりないけれど、滋養もあって、しみじみおいしい料理のことです。

子供の頃はよさがわからなかった、おばあちゃんやお母さんたちがつくる、家庭の惣菜や、飲み屋さんでしか味わえない、とびきりの素材に丁寧な仕事をして、シンプルにつくったつまみも最高です。

私がすきなものをあげたら、きりがないのですが、たとえば、シャキッと茹でた旬菜のおひたしやごま和え、ひじきとお揚げを煮たもの、ほどよく酢がきいたしめ鯖、ぷりぷりの貝のぬた、厚めに切ったレンコンと人参のきんぴら、しっとりしたおからの卯の花、やわらかいナスの煮びたし。

いよいよ、飲むピッチに、勢いがついてくる中盤のつまみには、

汁が多めのあさりやしじみの酒蒸し、甘辛く煮た里芋の煮っころがし、醤油の味がしみた根菜の煮しめ、おでんの豆富や大根、鰯や鯖の干物、金目鯛や鯛の頭の煮つけ、骨ごとかりと揚げた鰈の唐揚げ、サクサクの海老や穴子の天ぷら、焼き鳥のたれ、牛すじの煮込みな

どが食べたくなります。

蕎麦屋さんのつまみも、すきです。

歯ごたえがある板わさ、とろりとした湯葉、香ばしい焼きのり、甘しょっぱい蕎麦みそ、ふわふわの玉子焼き、脂が甘い鴨焼き。

ああ、ぜんぶ、食べたい。想像しただけでいくらでも、日本酒に合わせたいものは思いつくのですが、日本酒のいいところは、出来合いのものや残りものでも、つまみになるということです。

忙しいときは、スーパーの惣菜でもいいですし、冷蔵庫に入った前日の残り物や、あり合わせの材料で、かんたんにつくったものでも十分です。

私の場合は、豆富や玉子、ネギの端きれ、茹でた野菜などの残りものがあれば、冷奴か湯豆富、おひたしなどがつくれるので事足ります。

とくに、玉子があれば、うれしいですね。

玉子と日本酒は、とても相性がいいです。

ふたつを合わせると、玉子かけごはんを食べたときみたいに、お腹がほわっと温かくなります。

玉子を使って私がよくつくるのは、

海苔を敷いて焼いた海苔エッグや、ネギやほうれん草、しらすなどあり合わせの具材を入れた玉子焼き、あつあつのごま油で炒める炒り玉子、半熟に仕上げるニラ玉、出汁醤油で煮た豆富の玉子とじ、胡椒をいっぱいふったバター風味のオムレツなどです。

なんのへんてつもない、ごく、ありふれた料理ではありますが、日本酒に合わせると、飲んでいて幸せな気持ちになります。

たまには、趣向を凝らした華やかなつまみと日本酒を味わうのも、窓を開けて空気を入れ替えたみたいに、新鮮でうきうきしますが、ふつうに日本酒を飲むならば、ごくありふれた料理が私にとってはこころよい。

気合もいらないし、気負わない。白いごはんに合う、じみなつまみは、そんなふうに、らくに日本酒を飲ませてくれます。

さしすせその、さ

もしかしたら、日本酒をつくる人には、怒られるかもしれませんが、私にとって飲んでおいしい日本酒は、等しく、いい調味料でもあります。

他人が見たらびっくりするくらい、料理には、大吟醸だろうが希少なお酒だろうが、躊躇なく、いい日本酒をどぼどぼ使います。

調味料についての語呂合わせで、「さしすせそ」という言葉があるのですが、ふつうは、「さ」は砂糖のことを言います（「し」は塩、「す」は酢、「せ」は醤油、「そ」は味噌）。

ですが、私のなかでは、「さ」は酒、つまり、日本酒を意味しています。

誰がなんと言おうと、私にとって、調味料の「さ」は、酒なのです。

砂糖をきらっているわけではありませんが、つまみをつくるときに、甘みがほしいときは、日本酒で補います。すこしこってりした、煮物をつくりたいときは、本みりんを使うこともありますが、たいていの甘みは、日本酒があれば十分です。

日本酒は、甘みが豊富なお酒なので、つまみの味つけは、そんなに甘さがいらないと思う。むしろ、甘みがつよすぎる料理だと、日本酒の甘みと重なってくどくなり、口が飽きてお酒がすすまなくなってしまいます。

いい日本酒を料理に使うなんて、もったいなくてとんでもない、という人も多いかもしれませんが、試してみれば、使いたくなる理由がわかると思います。

私は、仕事がら、おいしい日本酒を手に入れたり、いただいたりする機会が多い、恵まれた生活をしているからこそ、日本酒をたくさん料理に使えることは自覚していますが、それを差し引いたとしても、おいしい日本酒を使うことをおすすめしたい。

素材の力が際立ち、料理がすごくおいしくなるんですよ。

とくに、大根やかぶ、玉ねぎ、人参などの根菜類は、おいしい日本酒と水（1：3強くらいの割合）でじっくり煮ると、ただの水で煮るよりも、野菜がうっとりするくらい、甘く仕上がるんです。

さらに、野菜がやわらかくなった頃合いで、鶏肉や貝を加えて炊き、塩こしょう、あるいは醤油など、このみの調味料で味つけするだけで、日本酒がすすむ一品ができあがります。汁も一滴残らず飲み干したくなるほど、あっさりしているのに、深い味わいでおいしいです。

日本酒は、料理の甘みを補うだけではなく、出汁にもなるので、魚貝類の酒蒸しなど、出汁が強調される料理には、必ずおいしい日本酒を使いたいですね。

魚貝類の身からにじみ出る出汁と日本酒が合わされば、まろやかでやさしい味になります。私は、日本酒と水を多めに加えてつゆだくにつくり、汁ごとつまみにしながら、飲むのがお気に入りです。

飲むお酒を使えばないいですね。

飲む日本酒とおなじお酒を料理に使えば、合わないはずはありません。どんなつまみを、合わせたらいいのか悩んだときは、飲む日本酒をつまみづくりに使えばいいわけです。

というように、料理にはおいしい日本酒を使ってほしいのですが、もしも、口に合わない日本酒を持て余したときは、見捨てるのもお酒がかわいそうなので、隠し味として縁の下の力持ちになってもらいましょう。

肉豆富や角煮、シチューなど、こってりした濃いめの味つけをする、煮物やスープなどをつくるときに加えると、味わいがぐっと深くなります。

でも、ちょっと贅沢をして買った、上質な素材を活かす料理や、シンプルな味つけの料理には、ぜひとも、おいしい日本酒をそそいでほしいですね。

愛がつよい人たち

日本酒は、世の中がどうなろうと、熱狂的なファンに支えられています。

日本酒がすきだと、声たかだかに公言し、律儀で義理がたい、愛がつよい人たちが多いと思います。

誰にたのまれたわけでもなく、仕事でもなんでもないのに、よなよな日本酒の店に通い、日本酒の店の新規開拓にも余念がない。蔵元が参加する日本酒のイベントには、平日休日関係なく、せっせと通いつづけ、たとえイベントが、住んでいるところから遠くの場所にある、県外で開催するとしても、いくと決めたならば迷わず参加する。

熟練になると、ボランティアで日本酒イベントのブースに立ち、お酒をそそいだり、蔵元顔負けの知識を披露したり、わざわざ酒蔵まで出向き、米の田植えや収穫などを手伝う人もいます。

熱狂的なファンは、日本酒や蔵元についての情報を察知すると、反射神経のように無数のセンサーを発動し、ＧＰＳの追跡にも負けないいんじゃないかと思うくらい、蔵元に会えたり、日本酒を飲める場所ならば、どこにでも駆けつけます。

ファン同士の情報交換も活発で、結束もかたく、日本酒や蔵元に対して、いちずな人が多いんですね。日本酒について勉強熱心で、物知りでもあります。

時間もお金も惜しみない。趣味人、というよりも、活動家に近いものがあるのかもしれない。もちろん、私も、日本酒への愛はつよいのですが、ときとして、熱狂的なファンに圧倒されることもあります。

もんのすごいパワーで、熱の入れようが半端ないんですね。

はたから見ていると、日本酒がすき、というよりも、日本酒をすきな自分がすきなのではないか、という自己陶酔型の人も、ときどきいる気がしていますが、それはそれで、ひとつの愛の形なのでしょうね。ともあれ、熱狂的なファンは、どんなときも日本酒応援団です。

彼ら彼女らのような熱烈な応援団は、日本酒が売れようが売れまいが、流行り廃りに左右されず、ずっと日本酒を、すきでいてくれるのだと思います。日本酒の消費を支える、心づよい存在です。

アイドルグループのファンにも、近いかもしれません。

どこそこグループの、誰々ちゃんがいちばんいい、みたいに、みなさんにはそれぞれ、推しメン（とくにお気に入りのメンバー）のような心に決めた銘柄がいくつかあり、すきな蔵元があります。

蔵元の追っかけに近い人もいますし、目をきらきらさせながら雄弁に、どれほどその日本酒がおいしいのか、蔵元をすきなのかを語ってくれることもあります。

そういう日本酒ファンとたまにお話しすると、すきなものがあるって生活にはずむようなハリがあって、やっぱりいいなあと思います。それだけ人を惹きつける、日本酒ってすごいものなんだと、改めて魅力に気がついたりもします。

ただ、熱狂的なファンにもいろいろあって、たのしげに日本酒を飲み、愛を語る人ならばいいのですが、困った人もなかにはいます。自分の考えを押しつけてくる攻撃的なマニアや、聞いてもいないのにウンチクを誰にでも披露したがる人などが、少数派ではありますが、日本酒が置いてあるどこかには必ずいます。

私は、そういう人たちにたまに出くわすと、まいったなあと気が重くなるのですが、困った人も偏っているとはいえ、日本酒への愛がつよい人なのだと自分に言い聞かせ、怒らずいらだたず、にっこり笑って（心のなかで）さようならをして、その場を立ち去るように心がけています。

日本酒のことで、アジフライには醬油かソースか、みたいな話を目を釣り上げて、突き詰めるような議論はしたくないんですね。

すきな銘柄は、みんなちがっていいですし、冷酒にするのか燗酒にするのか、飲みかたも、すききらいがあって当然です。

日本酒を飲むのに、こうじゃなきゃいけない、などという、ルールはなにもないのです。互いに噛み合わない嗜好について、言い争うことほど不毛なことはないですし、考えただけで、飲むのがたのしくなくなります。たのしみが苦しみになってしまったら、日本酒のおいしさも半減してしまいますよね。

それに、少数派とはいえ、どうしてもウンチクを語る声がおおきい人が目立つので、日本酒を飲むためには知識がなくてはならないと思っている人も、多いみたいですね。

飲み屋さんで、日本酒を注文するときに店主にこのみを聞かれ、「すみません、私、ゼンゼンくわしくないんですよ……」と、申し訳なさそうに言っているお客さんを、よく見かけますから。

でも、知識があってもなくても、日本酒はたのしめるお酒です。

日本酒を知らない人は、飲むたびにはじめてわかることが多く、見知らぬ土地を旅するような、新鮮なたのしみがあります。

日本酒にくわしい人は、ページをめくっても終わりが見えない本のように、奥が深い日本酒の世界を、とめどなく知ることができるでしょう。

くわしい人、くわしくない人の両者は、一見、相容れないのかも知れません。とくに、日本酒にくわしい人が、くわしくない人に対して教えないぞ、みたいな壁や、知っているもの同士のグループをつくりたがりますよね。

でも、ほんとうは、みんなで一緒くたになって飲んだほうが、互いに刺激があって、たのしいと思います。

日本酒を知らない人が、くわしい人によって、知識を深められるだけではなく、くわしくない人の無垢な目線や純粋な疑問が新たな発見を掘り起こし、気がつかなかった日本酒の魅力を教えてくれることもあります。

私の理想は、映画館や野球場に近い世界観で、日本酒を飲むことです。

熱狂的なファンも、なんとなく興味がある人も、くわしいくわしくないは関係なく、おなじ場所にいて、みんながそれぞれすきなようにたのしめたらいいなと思う。

日本酒は太る？

「日本酒ってカロリー高いから、飲めば太りますよね？」

これまで、いろんな人に、よく聞かれてきたことです。

では、日本酒はどのくらいカロリーがあるのでしょうか。

文部科学省が開発した食品成分データベースを参考にすると、日本酒のカロリーは、１００ｇあたり１０３〜１０９ｋｃａｌですが、ビールは40〜63ｋｃａｌ、ワインは73〜77ｋｃａｌです。

たしかに日本酒は、他のお酒にくらべるとカロリーが高く、太りやすいと思うのかもしれません。しかし、カロリーの数字だけを見て、すぐに日本酒が太ると判断するのは、ちょっと待ってください。

なぜなら、日本酒だけではないのですが、お酒が持つカロリーはエンプティカロリーと言って、体内に入るとすぐに熱として放出されるため、体にたまりにくいカロリーだと言われています。毎日浴びるように飲んだらいけませんが、太ってしまうかどうかは、日本酒を飲むときになにを食べるのか、食べものの影響がおおきいのではないかと考えています。

みなさんは、日本酒を飲むとき、なにを食べていますか？

脂っこいものや、炭水化物など糖質が豊富な、高カロリーのつまみばかりを食べていませんか。脂質や糖質などの栄養素は、主に肝臓で分解されるため、過剰に摂取しながら日本酒を飲みつづければ、着実に太ると思います。

カロリーが高いものを食べながらお酒を飲むということは、肝臓をものすごく働かせることになり、カロリー消費が追いつかなくなります。

また、お酒全般に言えることですが、酔ってくると、満腹だということを自覚させる、満腹中枢が麻痺してくるため、飲めば飲むほど、お腹が空いたと錯覚してしまいます。

つまり､お酒を飲むと､食欲が止まらなくなります。ほんとうは､お腹いっぱいなのに､ラーメンやごはんものなど、高カロリーの炭水化物を〆に食べたくなるのは、食欲をおさえる働きがおかしくなるからです。

酔った体にあつあつの出汁がしみわたる、〆のラーメンがおいしいのはわかりすぎるくらいわかるのですが、これはいけません。たまにはいいかもしれませんが、〆の炭水化物がくせになると、危険です。

世の中には、いくら食べても飲んでも太らない、体に才能があるツワモノがいて、うらやましくなるのですが、お酒を飲むときの暴食はおすすめできないです。

なので、日本酒のカロリーがどうのというよりも、飲むときに、なにを食べるかによって、太るか太らないかが、決まるのではないでしょうか。

ということは、ですよ。考えようによっては、むしろ日本酒は、太りにくいお酒なのではないかと、私は秘かに思っているんです。

「じみ、ときどき、華があるつまみ」で紹介したつまみを、改めて、思い浮かべてほしいです。

日本酒に合うつまみって、ヘルシーな食べものが多くないですか？

おひたし、刺身、酢のもの、焼き魚、煮魚、板わさ、海苔、玉子料理など、栄養はあるけれど、見るからに、カロリーがすくないつまみがたくさんあります。

洋食でも中華でも、あらゆる料理に日本酒は合いますが、日本酒を飲むときにしっくりなじむのは、和食系のヘルシーなつまみが多いと仮定すれば、つまみの選びかたによっては、日本酒は飲んでも太りにくい、という可能性はゼロではないですよね。

ただ、日本酒に合うつまみには、塩や醤油、味噌などを使った、塩からい食べものもあるので、塩分の取りすぎには、気をつけたいです。

しょっぱいものを食べすぎると、体内で塩分を薄めるために、体はどんどん、水分を溜めようとします。溜めこむということは代謝が悪くなるために、全身がむくんでしまい、脂肪も溜めやすい状態になってしまいます。

私もだいすきなのですが、とくに、塩分のかたまりのような、イカの塩辛や塩ウニなど塩で漬けた珍味、具材を練りこんだなめ味噌などをつまみにするならば、ほんのすこしを、ちびちびいただきたいですね。私の場合調子に乗って食べすぎると、翌日、足や顔がパンパンにむくんでしまいます。

余談ですが、私は日本酒を飲むようになってから、食生活が変わりました。

日本酒を飲むまでは、こってりした油っぽいものがすきで、昼も夜も高カロリーの料理を食べることが多く、一時は、けっこうなぽっちゃりだったこともあります。

それが、日本酒を飲むようになったら、高カロリーの料理よりも、先ほどあげた、おひたしや焼き魚などが自然にすきになり、逆に、そういうつまみじゃないと気持ちが満たされないようになりました。

子供の頃は、ごはんに合わないと魅力を感じなかったおでんが好物になり、ちっともおいしさが理解できなかった、焼き海苔や板わさをつつきながら、燗酒をじっくり飲むのが幸せだと思うようになりました。

ジャンクフードの濃い味もたまに食べたくなりますが、基本的にはシンプルな味つけの料理がすきになり、塩や醤油、味噌などの調味料も模造品ではなく、ちゃんとつくられたものを揃えるようになりました。味覚も敏感になって、日本酒のふくざつな味をたのしめるようにもなりました。

結果、私は嗜好が変わり、5年くらいかけてほんとうにゆっくりですけれど、痩せていきました。日本酒を飲めば、誰もが私のように痩せるとは決して言い切れないのですが、自然とそうなる可能性は、なきにしもあらず、ということは、自分の体験をふり返ってみてわかったことです。

どこに買いにいきましょう

みなさんは、日本酒をどこで買っていますか？

どこで買ったらいいかわからないと、よく言われることがあるのですが、銘柄を限定しなければ、おいしい日本酒を手に入れることはけっこう簡単です。

むしろ、銘柄を決めて飲むのは、お酒とのいい出会いをかなり狭めてしまうので、つまらない。瓶入りで、銘柄がしっかり書かれているものならば、比較的、どこで買ってもいいと思います。

毎日のように飲まなきゃ気が済まない人で、手頃な価格を求めるならば、コンビニやスーパーで足りるのではないでしょうか。

「もしも、日本酒に出会ったなら」でも書きましたが、近頃の日本酒はキリが底上げされて、ふつうにおいしい層が、あつくなってきています。コンビニやスーパーに置いている大手メーカーの日本酒でも、ふつうにおいしい日本酒が増えているんですね。

たまに、こういうところで、日本酒を買ってみるのですが、なかなかあなどれません。すごくおいしいわけではないですし、極上とか最上というような、きらびやかなぴかぴかしたおいしさではないのですが、ふだん飲む日本酒としてはありです。寝巻きのすっぴん状態で割り箸を片手に、きんぴらや漬物など、じみなつまみをつつきながらだらだら飲むのが似合うような、ふつうのよさがあります。

ビールやワインにくらべると、日本酒が並んでいる棚は、ひたすら渋くて華がないのが不満なときもありますが、地域によっては、地元の銘柄を揃えているところもあって、旅行や出張ついでに、お土産を買うつもりで、コンビニやスーパーをのぞいてみるのも、おもしろいと思います。

もうちょっといい日本酒を求めるならば、最近は、デパートもいいですね。

おすすめは、伊勢丹新宿店です。売り場は地下一階の狭い一角にあるのですが、絵を飾るように、壁一面に酒瓶が整然と並べられていて、目を引く陳列が特徴です。

ここのバイヤーさんは、日本酒がすきで、そうとう目利きなのではないでしょうか。すこし前だったら、デパートで絶対に買えなかったような人気銘柄や、日本酒ファンじゃないと知らない小さな酒蔵の日本酒が、たくさんあるのも魅力です。日本酒にくわしいスタッフが、つねにいるのもいいですね。

いちおしは、伊勢丹新宿店ですが、他のデパートをのぞいてみても、以前にくらべて、品揃えが豊富になったと感じています。とりあえず申し訳程度に置いておくのではなく、ちゃんと日本酒コーナーをつくっている意欲的な店が増えています。

でも、日本酒を買うならば、やはり、日本酒を専門に売っている酒屋さんをおすすめしたい。日本酒専門の酒屋さんは、外に銘柄が書かれた暖簾を出していたり、いちおしの銘柄を書いた紙を貼っています。外から見ても、酒瓶がずらりと並んでいるのがわかるくらい、品揃えが魅力的で、日本酒をいっぱい売っています。

日本酒がすきなら、一度は飲んでみたいと思う希少な日本酒や、全国的に人気の銘柄の数が、スーパーやコンビニにくらべて圧倒的に多いんです。

さらに、無名だけれど、実はとんでもなくおいしい隠れキラーをこっそり売っている可能性もあり（わかる人にしか売りたくないため）、ダイヤモンドの原石を探すようなたのしみもあります。

また、日本酒専門の酒屋さんは、酒蔵から直接、日本酒を仕入れることも多く、いちはやく、できたばかりの日本酒を買えるのも長所です。

問屋さん（日本酒を仕入れて店におろす）を経由して仕入れた銘柄を扱っている場合もあ

ります が、蔵元直送で仕入れることができるのが看板でもあります。

ここが、デパートやスーパー、コンビニとちがうところです。

ただ、日本酒専門をうたっている酒屋さんと、ひとことに言っても、酒の質と同じように、ピンからキリまであります。わるいところだと、酒蔵から仕入れてもなかなか売らない（売れない）ために、数年前の日本酒を平気で並べているところもあるので、注意が必要です。酒屋さんによっては、さらにおいしくするために、あえて、熟成させた日本酒を売っているところもあります。

一概に、時間が経過したものがすべて悪いとは言えないのですが、ただ、ほったらかしておいただけ、みたいなものは避けたいですね。ほこりをかぶったような、いかにも大切にされていない雰囲気をまとった日本酒は、飲み頃を過ぎている場合があり、お酒にはかわいそうですが買ってほしくないです。

たいした理由もないのに、妙に値段を高くして売っている酒屋さんも嫌ですね。プレミアム銘柄とか手に入らないとかで、とんでもなく、法外な値段をつけているところもあるので、そういう場合は買うのをためらったほうがいいと思います。

ときに、大枚をはたいても、飲んでみたい銘柄があるかもしれません。でも、そういうところで売っているのは、店主が高く売るために、希少さを強調し、惜しがってなかなか売らないために、おいしい時期を過ぎて、品質がよくない場合がすくなくありません。

高いのに、おいしくない。本末転倒なことではありませんか。高く買ったのに、本来のおいしさを味わえないなんて、飲む人が誰も幸せにならないのが、よくない酒屋さんで幻のナントカとか言って、祭り上げられている日本酒だったりするのです（ちなみに、不正に高い値段で売られている場合、定価から引いた利益は、酒蔵には一銭も入らないことを、どうか、おぼえていてください）。

反対に、いい酒屋さんは、酒蔵から仕入れた日本酒を、ほったらかしにすることもなく、適正な時期に、適正な価格で売ってくれます。酒蔵がオープン価格（具体的な値段を決めていない）にしている場合、酒屋さんによって若干、値段に差があるものの、べらぼうに高くしているところはないはずです。

また、いい酒屋さんとは、ひとことで言うと、「感じがいい」に尽きます。

ざっくりした基準ですが、この「感じがいい」は、私が酒屋さんを選ぶうえで、とても大切にしている条件です。お客さんが日本酒を見やすい陳列で、店内は清潔感があって気持ちがよく、店主やスタッフがいきいき働いているなど、店内にいるだけで心が満たされる、感じのよさがあります。

そもそも、〝場〟としての魅力があります。

品揃えや品質がいい、という以前に、ふらっといきたくなる空気を持っていて、人が集うようなにぎわいがあります。

そういう場をつくっている酒屋さんの店主やスタッフは、つねにお客さんがよろこぶことを考えているので、選曲ならぬ、〝選酒力（せんしゅりょく）〟があります。相性はあると思いますが、お客さんにすすめる日本酒を選ぶセンスがあります。

私はラジオを聞くのですが、よく聴くのは、ラジオパーソナリティによるのと等しく、選曲がいい番組です。その日の気候や、リスナーによってかける音楽を選び、聴く人を気持ちよくさせる腕のいいＤＪと、酒屋さんの選酒力はおなじではないでしょうか。

自宅でゆるゆる晩酌するのか、プレゼント用なのか、魚に合わせるなら、洋食に合う日本酒は？　前回はあれを飲んだから、今回はこれがおすすめ、など、それぞれのお客さんの嗜好や要望によって、的確な日本酒を選べる力があります。

酒屋さんにいきなれない人は、すこし抵抗があるかもしれませんが、ぜひ、勇気を出して店主やスタッフに、どういう日本酒を買ったらいいのか聞いてみてください。いい酒屋さんならば、どんな味わいなのかどう飲んだらいいのか、あるいはもっと深く答えられる人ならば、酒蔵の歴史やどんな人たちがつくっているのか、あらゆることを教えてくれると思います。

いくたびになにを買ったらいいのか、気軽に相談できる酒屋さんがあるって、自分のおっきい冷蔵庫を持っているようなものだと、私は勝手に妄想しているのですが。

まったく、ずうずうしい考えですが、私がそういう感覚で長年通っているのが、新井薬師にある〝味ノマチダヤ〟さんです。駅から離れたとても不便な場所にあるのにもかかわらず、いついってもにぎわいがあり、スタッフがきびきびと働いている活気がある酒屋さんです。

もちろん日本酒の品揃えもよく、まるで玉手箱を広げたようにぴかぴかの酒瓶が、ところ狭しと並んでいるんですね。私がすきな銘柄もたくさんあり、店内をうろうろしているだけで、気持ちがはずんでしまいます。

また、最近のおすすめ銘柄はなにか、どこそこの蔵元はどうのこうのと、社長の木村賀衛さんやスタッフの方々と立ち話をするのもたのしいです。親戚の家に遊びにいく感覚で、思い立ったときに気楽に通えるのがうれしいですね。

他にもよく通っている酒屋さんがあります。

出張や帰省のときに必ず立ち寄る、東京駅構内のグランスタにある〝はせがわ酒店〟さん。プレゼント用に買い求めることが多い、恵比寿アトレにある〝恵比寿君嶋屋〟さん。大吟醸などちょっといい日本酒を買いたいときにいく、銀座のＧＩＮＺＡ ＳＩＸにある〝いまでや〟さん。映画を観た後に立ち寄る、東京ミッドタウン日比谷にある〝住吉酒販〟さんなどです。

いずれも東京の通いやすい立地にあり、入りやすい雰囲気なので、とくに、日本酒初心者におすすめしたいです。

買うだけではなく、その場で日本酒をいただけるところもあるので、ちょっと一杯飲みにいったついでに買いにいく、という飲んべえにはこたえられない、使いかたができるのもたのしいです。

紹介したのは東京にある店ばかりですが、わざわざ足を運ぶ価値がある酒屋さんは、全国各地にたくさんあります。本書の巻末に、情報を載せてありますので、参考にしてみてください。

意外にあなたの近くに、いい酒屋さんがあるかもしれません。ぜひ、お気に入りの一軒を見つけて通ってほしいです。

コラム

なぜ、酒屋さんに人気の銘柄が集まるの？

知名度の高い人気銘柄の多くは、まず、酒屋さんで販売されます。どうして、蔵元さんたちは、酒屋さんだけではなく、コンビニやスーパーなど、みんなが買いやすい場所で日本酒を売らないのか、ふしぎに思う人もいるかもしれません。売り先が多いほうが儲かるのではないかという声も、たくさん耳にします。

なぜこのような販売法が主流なのでしょうか。

理由は、さまざまな要因がからんでいますが、２００６年のお酒販売の自由化により、酒屋さんが危機に直面したことが、ひとつのきっかけだと思います。

どういうことかというと、２００６年以前は、お酒を売ることができたのは、販売免許を取得した酒屋さんだけでしたが、お酒の販売が自由化され、店舗数が多く利便性がよいコンビニやスーパーでもお酒は売られるようになり、専売の権利を持っていた酒屋さんは、崖っぷちに立たされるくらい、存続が危うくなりました。価格を安くした、ディスカウントストアが増加したのもこの頃です。

当時、日本酒も含めてお酒と言えば、吟味して選ぶというよりも、抱き合わせで安く仕入れられるような、大手メーカーのものを中心に売っていた酒屋さんが多く、おなじものを売っているコンビニやスーパーにお客さんが流れ、酒屋さんは次々に廃業していきます。

そんななか、他と差別化するために、自分の店でしか買えない、味で選んだ無名でもおいしい日本酒を売ろうと、立ち上がった酒屋さんたちがいました。

大手メーカーではなく、小さい酒蔵のキラリと個性が光る日本酒を発掘しようと、首都圏を中心にした酒屋さんが、反旗をひるがえすように動き出します。

そして、時間をかけて、全国各地の酒蔵を訪ね歩き、独自に見つけた日本酒をすこしずつ販売しはじめ、薄利多売から脱却しようと試みたのです。

実は、ちょうどその頃、地方の日本酒は売れない低迷期で、いくらおいしい日本酒をつくっても大手メーカーの勢力におされ、経営が苦しい小さい酒蔵は全国にたくさんありました。蔵元さんからしたら、無名の日本酒を発掘しようとする酒屋さんは、救世主でもあったのです。

酒屋さんと蔵元さんは手を結び、低迷する日本酒の市場をなんとかよくしようと協力し合いました。酒蔵はさらにおいしい日本酒をつくろうとし、酒屋はおいしい日本酒をお客さんに広めようと努力します。

この結託が、のちに、地酒ブームや吟醸酒ブームなど、時代ごとに日本酒の流行をつくるひとつのきっかけになり、数多くのスター銘柄を生み出します。酒屋さんと蔵元さんの蜜月関係は、時代とともにだんだんと濃いものになっていきました。

というような背景があるので、蔵元さんは今でも、日本酒を専門に売っている酒屋さんに対して、一目置いているところがあります。自分たちがつくったお酒を、まず、日本酒専門の酒屋さんに売るのは、かつて辛酸を舐めあった歴史が背後にある、ということもおおきいのではないでしょうか。

ですから、いくらお金を積まれてもどこかれ構わずに、はいどうぞ、とすぐに日本酒を売る蔵元さんはすくないでしょう。

とくに、お酒を量産できない、あるいは、量産を目的につくっていない中小規模の酒蔵は、つくる量が限られているため、酒蔵の理念やつくり手の思いを理解して大切に売ってくれる店を、慎重に選びます。全国的に知名度が高い人気の銘柄ほど、売り先を慎重に選んでいるように見えます。

そうなると、売る人の顔が見えない、薄利多売になりやすい、コンビニやスーパーに卸すのではなく、熱心に日本酒を売る日本酒専門の酒屋さんが選ばれる可能性が高くなります。

そのかわり、蔵元さんに選ばれる酒屋さんは、ただ、右から左に、日本酒を仕入れて売るだけではありません。冷蔵設備を整えて、酒蔵から送られてきた日本酒をきちんと管理して売ることは、もはや当たり前のことです。ほかにも、定期的に取引している全国各地の酒蔵を訪ね歩き、蔵元さんと情報交換をしたり互いに思いの共有をするため、積極的に交流をはかります。

また、酒屋さんが、新規の銘柄に取引をお願いしたいときは、より、丁寧に蔵元さんと交流を深め、何度も酒蔵に通ってはじめて、お酒を売ることが叶うケースもあります。いい日本酒を、たくさん揃えている酒屋さんは、陰でこのような地道な努力をつづけているからこそ、多くの銘柄を売ることができるのです。

恩義とか義理人情みたいなことが、よくも悪くも、売り買いするときにいまだに通用するのが、日本酒の世界でもあります。

とはいえ、すこし前にくらべて、日本酒の売り先は多種多様になり、Ａｍａｚｏｎなどの通販サイトで販売したり、著名な人たちとコラボをしてＰＢ商品をつくったり、クラウドファンディングを活用し、日本酒を売る酒蔵も増えています。まだまだ市場に可能性がある、海外に販路を求める酒蔵も、これからもっと多くなっていくでしょう。

日本酒の売り先は、日本酒専門の酒屋さんに頼るだけではなく、すこしずつ変わってきているのです。今後は、日本酒を買える場所が、さらに細分化していくでしょう。

ただ、細分化していくことはいいのですが、どなたも、酒屋さんと蔵元さんが培ってきた蜜月関係のように、丁寧な付き合いのもと、日本酒を売ってほしいと願っています。

手間暇をかけてつくられた日本酒は、大切に売りたいと思ってくれる人の手に渡ってほしいですし、大切に売ろうとする人から、私は日本酒を買いたいです。

第二章

じっくり、つくられる

前置きのようなもの

日本酒づくりとは、まるでパズルのようです。ひとつひとつのピースをすこしずつ組み合わせ、一枚の絵を完成させるようにつくるものではないでしょうか。

米、米麹、水などの主原料だけでなく、さまざまな工程の手仕事のほか、つくり手や酒蔵の風土もふくめたピースが、どのように組み合わさり、混じり合うかによって、描かれる絵、つまり味が変わってきます。

基本的な日本酒づくりを、ざっと1行で書くとこうです。

米、米麹、水を混ぜ合わせて発酵させ、網目のもので濾す。

文字だけ見ると、ずいぶんシンプルなつくりかたに思えるのですが、この1行のなかに、各々の酒蔵のいろんなピースが、ちりばめられています。

まさに「酒屋万流」です。

基本のつくりかたはおなじでも、酒蔵によってあらゆるピースが異なり、ひとつとしておなじ組み合わせはありませんし、正解は無数にあります。工程ひとつとっても、ある酒蔵ではAが正解でも、別の酒蔵ではBが正解だった、ということはよくあることです。

そして、パズルのピースように、ひとカケラだけを取り上げても意味がわからず、完成するまで全貌が見えてこないのが、日本酒づくりのおもしろいところです。

おもしろいところなんですが、日本酒づくりは正直ややこしいです。いろんな工程や複雑な専門用語が多いために、活字や図式だけでは、すぐに理解するのはむずかしいかもしれません。

では、酒蔵で日本酒づくりを、見たり体験すればわかるのかというと、そんなこともないと思います。最低でも数年、毎日のように日本酒づくりをすべて経験しなければ、ほんとうの意味で、わかったことにはならないのではないでしょうか。

ひとつのタンクを完成させるまでには、約一ヶ月かかるのですが、そもそも、すべての工程に携わることは、蔵元や杜氏からよほどの信頼がなければ無理なことです。

たとえば、私は、以前、割烹料理屋で働いたことがきっかけで、今でも着物を自分で着ることができますが、着物も、襦袢を着て帯締めで帯をキュッと結んで終わるまで一連の流れを、時間をかけてくり返し体に叩きこまなければ、すんなり着られるようにはなりません。

襦袢の着かた、帯の結びかたなど、個々に勉強したところで理屈は身につきますが、実際に、着つけをおぼえることはむずかしいのと、日本酒づくりを通しで理解するのとは、似ているのではないでしょうか。

運よくお酒づくりの時期に酒蔵にいけたとしても、滞在するのが数時間、たとえ数週間だとしても知ることができるのは、断片的な工程だけの場合が多く、全体を本当にわかるためには、回数を重ねないとむずかしいと思います。

私の場合がまさにそうだからです。日本酒づくりの経験はほんのすこしで、泊まりこみで日本酒づくりの密着取材をしたのは数回しかなく、酒蔵を取材したことはたくさんありますが、日本酒をつくることに関しては、まったくの素人です。日本酒づくりの、俯瞰から見た全体像はわかっているのですが、細かい部分についてはまだまだ知りたいことだらけなのです。

本章では、それをふまえた上で、あえて自分の無知をさらけ出し、日本酒づくりについて書きたいと思う。

よく、奥が深い、というひとことで単純に紹介されている、日本酒づくりの世界を改めて私なりに咀嚼し、もうすこしわかりやすく、みなさんに伝えてみたい。日本酒づくりとは、はたから見ているだけでも、大胆かつ繊細で、緻密な理論も豊かな感性も求められる、右脳左脳がかき乱されるような、おもしろさがあるからです。

そこで、今回は、ひとつの工程ごとに、蔵元さんや杜氏さん（お酒づくりのリーダー）、あるいは酒蔵の仕事にたずさわる人に、それぞれをくわしく教えていただきました。

先ほども書いたように、日本酒づくりは酒屋万流なのでお聞きしたことは、すべての酒蔵にとって正解ではないのですが、日本酒はどうやってつくられていくのか、順を追って紹介していきます。

骨格をつくるもの 酒米◎「山形正宗」「府中誉」

教えてくれた人
山形県「山形正宗」蔵元の水戸部朝信さん

約16年前から地元で酒米づくりを開始。２０１８年には農業法人を立ち上げ、さらに酒米づくりを強化しています。有機米（ＪＡＳ）の稲作にも挑戦中。お酒は、米のうまみと甘みのバランスがよく、まるで肌ざわりのよいシルクのような口当たりが特徴です。やさしいのに芯がしっかりした酒質で、筆者にとっては頼りがいのある、癒し酒のひとつです。

教えてくれた人
茨城県「府中誉」蔵元の山内孝明さん

筆者がライターの仕事をはじめた15年以上前に出会った蔵元です。当時、酒蔵を訪ねた際に、日本酒づくりについて熱く語る山内さんに触発され、日本酒をもっと広めようと決意したことを思い出す。数ある種類のなかでも、蔵元が地元で育てている、〝渡船(わたりぶね)〟という酒米を使った「渡舟」がおすすめです。みずみずしい飲み口で、うつくしい旋律のように、うまみや酸味などの五味があざやかに口のなかで広がります。

日本酒づくりの話の前に、まずは原料の米について書きたいと思います。

日本酒をつくるときに使われる米は、酒造好適米(しゅぞうこうてきまい)または酒米(さかまい)と呼んでいます（以降は、酒米で統一しますね）。

名前の通り、お酒づくりに適した米なのですが、私なりに表現するならば、酒米とは、麹菌のための快適なおやすみどころです。

つまりはこういうことです。

米には糖分が含まれていないので、日本酒をつくるためには、最初に米を糖化させ、麹というものをつくらなくてはなりません（糖分がない原料は発酵が起こらない）。

この麹づくりで活躍するのが、麹菌です。

麹菌は米に付着すると成長をはじめ、米のでんぷん質を糖に変えてくれるのですが（これが糖化です）、麹菌が米のなかですくすく育つためには、酒米というおやすみどころが最適です。

日本酒づくりでは、酒米を削ったり洗ったり蒸したりするのですが、それもこれも、麹菌が健全に育つために行う工程です。快適な住みかや寝床をつくるように、環境を整えるのです。

酒米のよい条件とは、

大粒（削るのに適している）

粘りがなくてさばけがよく、タンパク質や脂質がすくない（吸水がはやくてよい蒸米になる。お酒になったときによい香りになりやすい）

米の中心に心白（しんぱく）がほどよくある（麹菌が米の内部に深く食い込みやすく、糖化力のつよい麹ができる）

などがあげられます。

一方、その反対にあるのが、私たちがふだん食べている飯米です。

つくり手の腕次第でもあるので、飯米を使うのが一概に悪いというわけではないのですが、日本酒づくりに向いている性格は、どちらかというと酒米に軍配が上がります。飯米でつくったお酒でもおいしい日本酒はありますが、おいしくつくるためには、酒米を使うときよりもさらに工夫が必要なようです。ハッと人を振り向かせるオーラみたいな力は、酒米のほうがあるのではないでしょうか。

「山形正宗」をつくる、水戸部朝信さんはこう言っています。

「酒米は、いい日本酒になる素質が備わっています。スポーツ選手で言ったら、プロになれるほどの才能があるのではないでしょうか。米の保湿力をくらべても、酒米のほうが優れています」

保湿力は、日本酒づくりにどのような影響をもたらすのでしょうか。

「麹は、水分を求める麹菌の特性を生かし、蒸米（日本酒づくりでは米を蒸します）の内部に麹菌を生やしてつくるものです。なので、蒸米に麹菌を付着させたら、外側だけを乾かし、麹菌を内部に誘導するのですが、飯米は乾燥させると内側まで乾いてしまい、麹菌の繁殖が途中で止まってしまうことがあるんです。その点、酒米は外側を乾かしても米に保湿力があるので、水分が失われず、麹菌が米の中心部までしっかり繁殖してくれます。酒米はとても優秀ですよ」

ちなみに、米の味わいだけを考えると、酒米は飯米にくらべてタンパク質や脂質がすくないため、味が劣ると思います。

酒蔵で蒸した酒米を食べたことがあるのですが、からりと固くて、冷めるとぼそぼそしています。チーズを入れたリゾットやパエリア、チャーハンには向いているかもしれませんが、しっとり感がとてもすくない。

では、炊くとどうなるのでしょうか。

我が家の土鍋で、山田錦という酒米を炊いてみたことがあるのですが（浸漬(しんせき)や蒸らす時間を飯米のときよりも長めにしました）、蒸したときよりもやわらかく仕上がり、軽快な食べ心地でした。

飯米にくらべると甘みが物足りないのですが、ごはんの供がほしくなるほどさっぱりした味で、塩や味噌をつければ、日本酒のつまみにもなりそうです。香ばしく焼いた、焼きおにぎりにしてもいいかもしれませんね。

ふしぎなのですが、飯米よりも食べて味が劣る酒米のほうが、おいしいお酒になりやすいのです。

でも、実は、日本酒の全体からすると、酒米の使用量は36％です（平成26年農水省調べ）。日本酒づくりでは、まだまだ食べる飯米（一般的に加工用米または国産米とも書かれる）を多く使っていて、飯米で日本酒をつくることができるのにもかかわらず、酒蔵は酒米をほしがり、使いたいと願います。

水戸部さんは、

「料理人が、いい魚を仕入れたときとおなじではないでしょうか。なんというか、酒米は気分が上がるんですよ。いい酒米を見るとやる気が出ますよね」と言っています。

酒米は、稲の背丈が高くて倒れやすく、収穫までの時間がかかり、つくるのがむずかしいために高価です。収量も多くないので、ものによっては、食べる米より倍以上も値段が高い場合もあります。

販路は複雑で、ツテがない酒蔵はほしい品種を手に入れるために、何年も歳月をかけることもあります。酒米はそうまでして手に入れたい、魅力がある米なのです。

かつては、栽培地が限られていました。

とくに寒冷地での栽培に向かないため、酒米は主に温暖な西日本でつくられている米でした。今でも、プレミアがつく名産地と呼ばれるのは、兵庫や岡山など西側に集中しています。たとえば、代表的な品種としてあげられる「山田錦（やまだにしき）」や「雄町（おまち）」は、西日本で育まれた酒米です（P96コラム）。

日本酒が、ワインのように原料を地元で調達しなかったのは、もともと、酒米をどこでもつくることができなかったからです。

現在では、温暖化の影響や、寒冷地でも栽培に向くように品種の改良をつづけた結果、全国的に酒米をつくることが可能になりました。県ごとに開発した新しい酒米も増加し、合計すると100種類ほど品種があります。

各県でさまざまな酒米がつくれるようになり、他県から買うのではなく、地元の酒米を使う酒蔵は多くなってきています。

また、ワインのドメーヌ（原料の栽培から製造までを一貫して行うこと）のように、酒米づくりから手がける酒蔵も増えています。

少数派ではありますが、すべて地元でつくった酒米で日本酒をつくる酒蔵もあり、将来的にそれを目指している蔵元もいます。

しかし、一方で、名産地の酒米で日本酒をつくりたいと思うのも、ものづくりをする人の当然の欲求でしょう。現在は、自社で栽培した酒米だけを使うのではなく、優秀な品種は他県から購入して、日本酒をつくる酒蔵も一般的です。

「山形正宗」でも、自社でつくった酒米と、他県から調達した酒米の両方を使って、日本酒をつくっています。

「私の酒蔵は、銀座の寿司屋でありたいと思っています。つまり、寿司屋さんだったら江戸前の地魚だけではなく、鯛は明石で鮪は大間を選ぶのと似ていますよね。酒米も基本的には地元のものを使うけれど、山田錦は兵庫で雄町は岡山というように、他県から仕入れています。全部、地元の酒米でまかなってもいいのですが品種によっては、地元の酒米とはちがったよさもあるので、そこは変にこだわらなくてもいいと考えています」

しかしながら、地元で酒米を栽培するのはけっこうたいへんです。

先ほど書いたように、酒米は生産地が限られていたので、日本にあるほとんどは飯米をつくっている田んぼでした。そこで、酒米をつくるのですから、いくら土地を所有していても周囲の農家の理解がなければ、栽培はむずかしいのです（たいがいは飯米をつくる田んぼと隣接している）。

「米づくりで使う水路はみんなで共有するものです。ですから、飯米とつくりかたがちがう酒米をつくることは、周囲との和を乱すこともあるんです」

ちがう部分とは？

「たとえば、水がほしい時期です。要するに、飯米の田んぼは収穫を終えて稲を刈り取り、水をなくして土壌を固くしたいときに、酒米は収穫する時期が遅いために、まだ水が必要な場合があります。そうすると、周りの田んぼは水がいらないのに、なんでお前のところだけ、ってなる。周りとちがうことをすると嫌われるというのもありますが、もし水が他に流れたりしたら迷惑がかかってしまい、争いのもとになります。そうならないように、下から水を汲んで水田にいれる、ポンプアップを導入するなど、共有している水路とはちがう水のいれかたを考えなくてはなりません」

他にも、酒米をつくる上で重要なことがありました。

「人間力です。地域の人たちを説得する力や、協力したいと思わせる人徳がないと、農業はうまくいかないです。とくに利害関係がない農家さんを、どうやって巻き込んでやるのか。いくら、いい酒米をつくろう、減農薬や無農薬でやろうと言ったところで、実現するのはむずかしいですよ」

理想と現実の狭間で、荒波に揺られるような葛藤もありました。

「時間をかけて丁寧に、周囲の農家さんたちと持ちつ持たれつの関係（稲刈りの時期が重なれば他の田んぼも一緒に刈るというように）を築いていかないと、酒米づくりのよい環境は整わないので、主義主張だけではだめです。でも、ただ物腰がまるいだけでもいけないんですよね。誰になにを言われてもやりたいことを曲げない、つよい理念も同時に必要です」

酒米づくりは、栽培がむずかしいだけではなく、否応なしに人間力が試され、人間力をみがくことも求められる仕事です。ときに理不尽なことでも、やわらかいクッションのように受け止め、消化する力も必要なのだと思います。

そんなややこしいことが、おのずとくっついてくる可能性が高い酒米づくりですが、酒蔵は酒米をつくることをやめず、むしろ酒米づくりをする酒蔵が増えているのは、どういうことなのでしょう。

「酒米を育てるのはたいへんですが、自分たちがつくった米でお酒をつくるって、ものすごく意欲がわくんですよ。原料から育てているので愛着がわいて、工程ごとにいつも酒米から目が離せません。酒づくりのモチベーションも上がります」

酒米には底知れぬパワーや、つくり手の心を惹きつける潜在能力があるのかもしれません。

「府中誉」をつくる山内孝明さんも、酒米づくりに魅せられたひとりです。地元で絶滅していた、短稈（たんかん）種の「渡船」という山田錦の親にあたる野生種の酒米を、地元の農家さんとともに平成元年から3年かけて復活させ、酒米づくりをつづけています。

「渡船という酒米は非常にミステリアスです。山田錦の親とは考えられないくらい、軟質で水を吸いやすく、もろみ（発酵中のお酒）で溶けやすいので、性格がまったくちがいます」

渡船はかわいいやんちゃ坊主ですよ、と山内さんはすこしだけ苦い顔をしつつ、眼ざしは、我が子を見つめるようにやわらかい。

「しかもですよ、稲を植える場所によって、稲の株わかれや穂の数が多かったりすくなかったりと、おなじ品種なのに見た目がちがうことがあります。あっちとこっちだと、言っていることがぜんぜんちがうじゃないの！　という感じで。独立心がつよい酒米なんでしょうね」

渡船は野生種だからこそ、のびのび育つのだと言います。

「野生種は、人に育ててもらおうと思って生まれた米ではないために、自分で子孫を残そうとするちからがあるので、もう、言うことを聞かないんです（笑）。でも、そこがかわいい。甘やかすと、どんどん伸びて手に負えなくなり、倒伏（稲が倒れること）の原因になるのですが、田んぼの水やりや肥料の量を注意しながら、うまくコントロールしてあげると、抜群にいい酒米に育ってくれます」

ところで、酒米にはさまざまな品種がありますが、どんな酒米を使うかによって、お酒の味は変わるものなのでしょうか。

山内さんは、

「酒米は、日本酒の味を決めるひとつの要素です。しかし、酒米だけで酒の味がすべて決まるわけではありません。酒米の個性をいかに引き出すことができるのか、つくり手の技こそが大事です」

おなじ酒蔵のお酒同士をくらべれば、酒米の品種によって、味のちがいがわかることはありますが、A蔵とB蔵の山田錦のお酒をくらべて、山田錦だからということで味をひとくくりにはできないのです。

ひとことに山田錦と言っても、産地や等級などによって質がまちまちなのと、どんな水、麹、酵母を使うかなど、つくり手の采配で酒質を変えることができるからです。

ここが、原料のよしあしが味に直結する、ワインとちがうところです。

日本酒愛好家のなかには、山田錦だからとか雄町のお酒だからとか、酒米の品種だけですき嫌いや、いい悪いを決める人がいますが、それって、ちょっともったいない飲みかたなのではないでしょうか。もちろん、酒米の品種にしぼって、飲みくらべをしてみるのはたのしいことです。でも、酒米の名前だけで味を決めつけてしまうのは、日本酒の宇宙みたいに広い世界観を、だいぶ狭めてしまうことになります。

酒米は、あくまでも酒質を決めるひとつのファクターであり、日本酒の骨格ではないでしょうか。そうとらえると、骨格の外側に肉づきしている日本酒の味が、いきいきと浮かび上がってくるような気がしています。

余談ですが、骨格から見た酒米の血筋みたいなものを、私なりに考えてみたのですが、山田錦は正統派の優良児あるいは好青年で、雄町はうっかりすると横にいくらでも太りやすいあまのじゃくなタイプ、なんてことを想像してみたのですが、みなさんはどう感じますか？

コラム

酒米はいつからあるのか

酒米が生まれたのは近年のことです。もともと日本酒は、食べる米を使ってつくられていました。時代をさかのぼると、江戸時代末期には、研究熱心な農家が増えて食用米の選抜などが行われ、その流れで、徐々に日本酒づくりに合う酒米が開発されていきました。

明治期になると、農家だけではなく、国や自治体が中心になって酒米を手がけるようになり、交配や突然変異など品種改良が盛んになります。

本格的に酒米というものが認知されてきたのは、昭和11年に、兵庫県の農事試験場で育成された、山田錦が登場してからではないでしょうか。以降、今でもメジャーな酒米が、次々に生まれることになります。

飯米を使っていた頃は、おそらく地元の米で日本酒をつくっていましたが、この頃から酒米は他県から買ったものを使う、という方式が徐々に浸透していきました。今の日本酒づくりでは、逆のことが普及しつつあるのですから、酒米に対する考えも世につれ人につれ、変わっていくものなのですね。

以下、代表的な酒米のルーツのまとめです。

「山田錦」

兵庫県生まれ。大正12年に兵庫県立農事試験場で、母・山田穂（やまだほ）と父・短稈渡船という酒米を人工交配。昭和6年に「山渡50-7」と系統名をつけ、昭和11年に山田錦と命名される。

「雄町」

岡山県生まれ。岡山県の高島村雄町に住む、岸本甚造という人が江戸時代の安政6年に発見。その7年後、慶応2年に選抜される。育成地の雄町が通称となり定着。100年以上、途切れずに栽培されている唯一の品種。

「五百万石」

新潟県生まれ。昭和19年に「交系290号」と系統名がつけられるが、戦争で栽培が中断される。その後、昭和32年に新潟県の米の生産量が、五百万石を達成したことから新たに命名。

「美山錦」

長野県生まれ。昭和47年に長野県農業試験場が農水省放射線育種場で、たかね錦という酒米に放射線を照らし当て、良質なものを選抜。昭和53年に美山錦と命名された。「美しい山の頂のような心白がある酒米」が由来。

うつくしい脱皮 米をみがく◎「獺祭」

教えてくれた人 山口県「獺祭」社外取締役・食品製造部長の寺田好文さん

日本酒業界を牽引する酒蔵である、「獺祭」の桜井博志会長や、桜井一宏社長を長年、陰で支えつづける黒子のような功労者。自社精米で大量にでる米ぬかや米粉を使った、加工品も手がけています。お酒はたとえるならば、ロイヤルストレートフラッシュ的な味。日本酒の「今」のおいしさが詰まっています。

米を選んだら、つづいて精米をします。
日本酒づくりで使う米の精米は、うつくしい脱皮のようです。

精米すると、茶色くて無骨な玄米の皮や表面部分がするりとはがれ、なめらかでまるく、小さいパールのように、うつくしく生まれ変わります。

それくらいたくさん米を削るのです。米をみがくとも言っています。

これが、日本酒の原料？　お酒にするのがもったいないくらい、精米した酒米は、光にかざすときらきらとうつくしい。

食べる米の精米は、だいたい精米歩合（米を削って残った分量の数値）90〜93％ですが、酒米はもっと削ります。精米歩合70〜50％くらいを中心に、30〜20％などの米を使う日本酒もあります。なかには、10％以下にまでみがいた米を使った日本酒もあり、最近では1％や0％（0と言っても小数点以下を切り捨てた数値）のお酒も登場しました。

大吟醸は精米歩合50％以下、吟醸酒は60％以下など、つくるお酒によって米をみがく数値が酒税法では決められていますが(P26コラム)、それによって酒質におよぼす影響が異なり、味わいに差が出てきます。

たとえば、日本酒ファンのみならず、多くの飲み手に知られている「獺祭」には、「二割三分」という、精米歩合23％の酒米を使った日本酒があります。23％という数値に、意味はあるのでしょうか。「獺祭」の寺田好文さんが教えてくれました。

「当初は精米歩合が25％の純米大吟醸をつくる予定でしたが、たまたま他社が24％の米を使った純米大吟醸をつくりはじめたというので、おなじものをつくっても仕方がないので、弊社はさらに精米した23％を発売することにしました。その後は、23％だけではなく30％や25％など、いろんな精米歩合の酒米でもつくってみたのですが、獺祭のおいしさを的確に表現できたのが、23％でした。この米でつくった酒は、華やかな香りで洗練された味わいになります。二割三分（23％）の米じゃないと出せない味だったのです」

寺田さんが「洗練された」と言っているように、酒米は精米すればするほど、お酒の味をきれいにすることができます。米の表層部には、お酒に雑味やよくない香りをもたらすものが多くあり、より精米することでこれらを取り除くことができます。

飯米は、研削式精米機という機械を使い、米と米を摩擦させるようにして精米するのですが、酒米のようにたくさん削る場合は、米同士を摩擦させると、割れてしまいます。日本酒づくりでは粒状の米をこのむため、割れた米は敬遠されるのです。

酒米を精米する場合は、基本的に竪型精米機という、高さが10メートル以上ある筒状の精米機を使い、非常にかたくて鋭い、刃物状の炭化珪素の結晶と、長石を焼きかためた砥石という、金剛ロール（セラミックロールやダイヤモンド製のものもある）で米の表面を削りながら精米します。

竪型精米機は、酒米を削るのに適していて、米と米を摩擦させるのではなく、これらの石を介して米を削り、米ぬかや米粉と米粒をわけて、なんども精米することができます。

まず、玄米を竪型精米機の下にある投入口に入れると、自動的にベルトコンベアーでいちばん上まで運ばれ、鉄製のタンクに米が下降します。

流れた先には金剛ロールが内蔵された精白室（せいはく）があり、そこで米の表面が削られると、米ぬかと米粒に分離されます。米ぬかは、専用の取り出し口に流れて外に出され、米粒はふたたびベルトコンベアーで上にのぼり、鉄製のタンクから精白室に運ばれます。

何度もくり返すうちに、取り出し口から出てくるのは米ぬかではなく米粉になり、米粒は精白室で削られるたびに小さくなるという仕組みで、精米されていきます。

精米時間は酒蔵によってちがいますが、精米歩合70％まで削るには約7〜10時間以上。50％だと約2日。獺祭のように23％みがくとなると4〜5日かかり、精米歩合1％にするまでは、75日も時間が必要です。

精米歩合の数値が低くなるほど米が割れやすくなるため、精米のスピードはその都度、調整しながら、ゆっくりゆっくり進められるのです。

「獺祭」のように、20％台の米を精米する場合は「1％削るだけで90分もかかってしまいます」と寺田さん（精米歩合の数値が低い、50％以下の純米吟醸や大吟醸の値段が高いのは、精米の時間が多く電気代などのコストがかかることも理由のひとつです）。

かつては、専門の業者に精米をお願いする、委託精米のスタイルが一般的でした。しかし、1％単位でちがう精米歩合を要求するためには、高性能の機械と、機械をあやつる技術が必要なため、よっぽど精米業社と結託しないと、理想通りにはできないことが多いようです。

とくに大吟醸など、高額の日本酒に力を入れる蔵は、精米を極めるために、ウン千万〜ウン億円をかけて精米機を導入し、自社で精米することもあります。

腕のある人が上手な加減で精米しないと、砕けた米が多く交じったり、米粒のおおきさにバラつきがあり、米を洗ったり蒸したり麹をつくるときに、とても困るのだと言います。うまく精米できなかった米を使うと、それぞれの工程で完成する米の仕上がりに、ムラができます。10kgの米を蒸したときに、よく蒸されたところもあれば、蒸しが足りない部分もでてくるというように。

仕上がりがまちまちで一定しないものは、長い日本酒づくりの工程で、予測不能なことが起きてしまう原因になり、手を焼くことになります。日本酒づくりは、なによりはじめが肝心で、最初がつまずくと、ドミノ倒しのごとく悪い連鎖がつづき、最終的に、よいお酒にならないのです。

ところで、ここまで高精度の精米ができるようになったのは、竪型精米機の原型が昭和初期に誕生したことがきっかけでした。

近年の日本酒が飛躍的においしくなった理由のひとつは、たくさん精米ができるようになったこともおおきいでしょう。

時代をさかのぼると、江戸時代までは、杵と臼を取り付けた足踏み式精米を使い、現在の飯米とおなじくらいの92％程度しか精米することができませんでした。

足踏み精米はたいへんな重労働で、「碓屋（うすや）」という専門の職人が行っていましたが、つらくて音をあげる人もいたのだとか。それくらい精米は苦労を伴う作業でした。

江戸時代末期になると、水流を生かした水車で精米を行うようになり、約40時間かけて、ようやく85％まで精米できるようになりました（関西の灘地方は水車精米が盛んに行われている地域でした。一時は２７７もの水車場があったそうです）。

大正末期には、飯米を削るものと似たような精米機を使えるようになり、80％まで精米が可能になります。

このように、むかしのつくり手は、よく削った米は、雑味がないきれいなお酒になることを知っていて、たとえ重労働だったとしても、さまざまな方法で精米の技術を向上させていきました。

現代はむかしとくらべると、精米機の性能もよくなり、はるかによく精米できるようになりましたが、先ほど書いたように、ものによってはむかしよりも時間をかけて精米しています。日本酒の味をきれいにしたい、よくしたいという思いは、現在も連綿とつづいています。

ちなみに、精米して残った大量の米ぬかや米粉は、動物の飼料や、有名菓子メーカーのせんべいなどの材料として使われます（私がすきな柿ピーの一部にも使っているみたいですよ）。

でも、どんなに一級品の酒米でも粉になってしまえば、二束三文の半額以下の値段になってしまいます。使いきれない場合は、廃棄することもあると言いますから、私としてはいまだにこの仕組みがもどかしく、どうにかならないものかと、やりきれなくなってしまいます。

精米したあとの米ぬかや米粉をどうするのかは、日本酒をつくる人たちのこれからの課題でもありますが、酒蔵のなかでも「獺祭」はいち早く、精米したあとの副産物を生かす取り組みを行っています。

「獺祭では自社精米をしているので、年間約８０００トン以上もの米粉が出てしまいます。以前は、菓子メーカーに売るだけだったのですが、うちで使う酒米は質のいい山田錦だけなので、たんに横流しするように売るだけでは、なんかもったいないじゃないですか」

そこで考え出したのが、酒米の米粉を使ったオリジナルの加工品です。

「せんべいやクラッカー、ケーキなどの商品を開発したり、有名料理人やパティシエとコラボしたりと、自社ブランドとして米粉商品を売る活動を展開しています」

米ぬかも可能性がある素材だと言います。

「とくに、精米したときに最初に出てくる赤ぬかは、米油の良質な原料としても需要があります。むしろ、需要に応えきれないほど、酒米の赤ぬかはおいしい米油をつくることができる素材なのです。正直、年間800トンを使いきるのは、まだまだたいへんですが、米粉は栄養価も高く、天然の甘味料やグルテンフリーの素材としても可能性があるので、用途を広げられないか模索しつづけています」

精米するだけではなく、精米後の米ぬかや米粉のことを考えると、日本酒ってとんでもなく贅沢なお酒ですよね。精米は米をみがくだけではなく、米ぬかや米粉などの副産物を考えることもふくめて、ひとつの工程なのだと思いました。

そんなふうに長い時間をかけて精米された米は、「枯らし」と言って、数週間、冷暗所に置かれ、精米で熱くなり、水分を失った米をしばらく休ませます。熱が冷め、米の水分を自然に回復させたあとは、「洗米」の仕事へ移ります。

こざっぱりする 米を洗う◎「花の香」

教えてくれた人 熊本県「花の香」蔵元・杜氏の神田清隆さん

熊本の期待の新星。「花の香」は、6代目の神田さんが2014年に再起をかけて立ち上げた銘柄です。筆者がはじめて蔵に伺ったときに、互いの日本酒に対する熱意からすぐに意気投合し、胸襟をひらく間もないくらい、飲みながら熱く語り合ったのが忘れられない。銘柄の通り、お酒は、花のような可憐な香りとふくよかな甘みが持ち味。気分を上げたいときにぜひ飲んでみてください。

枯らしを終えたら、酒米を洗います。洗いますと言っても、酒米の場合、どういう塩梅で洗うのかを言葉にするのは、なかなかむずかしい。

食べる米とおなじく、表面についた糠やゴミを洗うのですが、力任せにガッシガシ洗うのでも、赤子のほっぺたを撫でるように洗うのでも、流しそうめんのようにただ水に流せばいいものでもなく、（他の工程もおなじですが）マニュアルがあるようでないのが洗米の仕事です。

それでも、あえて洗いかたのコツを言葉にするならば、ぬかりなくやさしく、でしょうか。ひとつ風呂浴びて体がぴかぴかになったときのように、米をこざっぱりさせる必要があります。

米が割れないように注意しながら、ミネラル分が流出しすぎないように（ミネラル分は麹菌や酵母など微生物が働くために欠かせない）、しなやかなさじ加減でもって、洗米を行わなくてはなりません。

ふるくから、日本酒づくりの三原則として、

「一麹、二酛（もと）、三造り」という格言があります。

日本酒づくりの工程で大切な順序をあらわしたものですが、

一が米に麹菌を生やす麹づくり、

二がお酒のもとを仕込む酛づくり、

三がお酒を発酵させるもろみづくりです。

というのが、つくり手の間では、しばらく、ゆるぎない秩序だったと思います。

しかし、近年は、まず大切な工程として、一に洗米をあげる酒蔵が多くなってきています。よい洗米をするかしないかで、お酒の品質におおきな差が出てくるからです。

洗米を制するものは、日本酒づくりを制する。そんなことを言っている蔵元もいるくらい、米を上手に洗うことは酒蔵にとって、最重要事項です。

「花の香」をつくる神田清隆さんも、洗米の大切さを語ります。

「いい洗米をすれば、その後につづく工程も順調に進みやすくなります。でも、洗米をおざなりにすれば、米を蒸すときや麹をつくるときなど、作業性が悪くなり、軌道修正するのにとても苦労します。あのときもっとちゃんと洗えばよかった、なんてことを思っても、工程を戻すことはできないですから」

また、こうも言っています。

「自分のつくるお酒に対して、つねに再現性を求めるためには、洗米から理論に基づいた方法が欠かせません」

再現性とは?

「一定の味をつくることです。そのときによって米の洗いかたや洗う時間がちがえば、後々の工程で仕上がりがバラバラになり、最終的にお酒になったときの酒質も、その都度ちがってしまい、味に不出来が出てしまいます」

酒質とは、文字のごとく酒の質。さまざまな工程が折り重なるようにして、つくられるものが酒質です。

「とりあえずできちゃったものがうちの日本酒だよ、ってお客さんに言い切れるならば苦労しないのですが（笑）。そういうことをしていると酒質がぶれて味が一定しないので、いつもおなじ味を再現できるよう、洗米からしっかり正確に行いたいと考えています」

洗米の仕事は、味の根っこを育てるための、土台づくりではないでしょうか。土台づくりがしっかりできなければ、せっかくの酒米（骨格）も、いい酒として育つことはできないでしょう。骨密度が薄い、力のない骨格に育ってしまうように。

力のない骨格からできたお酒は、酒質がぐらぐらと頼りなくなります。

そうならないためにも、まずは洗米の方法を突き詰めていくことが、日本酒づくりでは先決です。

かつて、洗米の方法は、足や手を使った、とても原始的なものでした。

大正末期にようやく電動の洗米機が生まれ、昭和を過ぎると機械は進化し、一度に大量に米を洗えるようになっただけではなく、特殊な渦巻きポンプによって米と水を攪拌（かくはん）させなががら、米同士を摩擦して洗うことができるようになりました。この手法だと、米が1〜2%削れるため、当時の洗米は、精米も兼ねると言われていました。

しかし、精米機が改良されると、米をたくさん精米できるようになり、よく削った大吟醸や吟醸に使われる小粒の米は、米同士を摩擦させながら洗うと、米粒が繊細なために割れてしまいます。

そこで、たくさん精米した酒米は人手を使い、すこしずつザルのようなものでこまめに洗米し、さほど精米しない米は機械を使って洗うようになります。

余談ですが、極寒の冬に、米を手洗いすることほど辛いものはないと思います。いつだったか、米の手洗いを手伝ったことがあるのですが、頭痛がするくらい手が冷たくなります（かき氷を食べて頭がきーんと痛むのに似ている）。

弱音を吐きそうになるのをぐっとこらえ、なんとか米を洗ったのですが、寒さは冷たい手を通じてじわじわと全身を凍らせるように広がり、手は荒れ放題で、やたらめったら日本酒づくりを手伝ってみたい、なんて言うもんじゃないな、とそのときは自分を戒めたりもしました（今でも真冬の台所で米を洗うとき、洗米の記憶が指を震わせ、酒蔵の人たちは風邪を引いていないだろうかと、つい心配してしまう）。

話を戻すと、洗米の仕事は洗米機が誕生してからつくるお酒によって、手洗いか機械洗いのどちらかで米を洗ってきたのですが、ここ数年、米を手洗いしている酒蔵は、すくなくなった気がしています。

洗米機のニューヒーローが登場したからです。

それは、気泡をふくんだ水で洗米できる、タイマー付きの洗米機です。

この洗米機を販売している某メーカーのパンフレットには、

「『さらば手洗い』のご提案（略）冷たい、つらい、疲れるの仕事を軽減することが可能です」とあり、米を手洗いする必要がないというのです。

気泡によって米同士の摩擦を防ぎ、米を傷つけることなく洗うことができて、瞬時に糠と分離できるために、洗っているうちに糠がふたたび米に付着することもありません。

洗う量にもよりますが、かかる時間は約1分〜2分。手洗いの数倍もよく洗えて、人手もかからず、コツさえおぼえれば誰が洗っても均一にきれいに、洗米することが可能になりました。

やさしくかつぬかりなく。まさに理想の洗米ができる、万能な機械が出てきたわけですが、ボタンひとつ押すだけで、簡単にうまくできるほど、ことは甘くありません。

気泡水で洗える洗米機を使いこなすむずかしさを、神田さんは教えてくれました。

「洗米のスピードがとても速いので、洗米機にもよりますが、たった1分多めに洗うだけで、米の表面がボロボロになってしまうことがあります。洗いすぎず、でも洗い残りがないようにするためには、機械を使う加減がほんとうにむずかしいですね。最近の洗米機は、10kg単位で細かく早く洗えるのが利点ですが、そのぶん、機械を扱うのも米を運んだりするのも、迅速な動きが必要になります。米がつぶれたり割れないよう、丁寧さも大切なので、感性も要求されるのです。」

手洗いのように、直接、米を洗う手間は省けても、人間の体を駆使した機動力はさらに求められます。それでも、この新しい洗米機は、洗米の仕事をよりよくするための、とても魅力がある機械です。

「いい洗米機を使うのか、そうじゃないかのちがいはかなりおおきいですよ。まず、次の工程でつくる蒸米の完成度がぜんぜんちがいます。蒸した後の香りもいいですし、米がベタつかずとてもいい仕上がりになります。触っていて気分が上がりますよ」

よく洗うことができた米は、よい蒸米になり、よい麹になり、長い日本酒づくりの工程をスムーズにしてくれます。

また、工程をスムーズにするだけではなく、きちんと洗米した米を使ってお酒をつくれば、味にハリをもたらすことができるのではないかと、想像してみました。艶とか弾力とかのハリです。

よい洗米をしても、以降の工程を適当にしては酒質に影を落としますが、すくなくとも、人間の素肌のように良質な下地（米）があれば、メイクするみたいにいくらでも技術で、お酒にうつくしい艶をつくることが可能になると思っているのですが（冒頭に書いた〝洗米は土台づくり〟とおなじようなイメージですね）。

あくまでも私の想像の域を出ませんが、最近は、どんなタイプの日本酒であれ、ハリがあるお酒が増えたと感じていて、洗米の技術が向上したことと無関係ではない気がしています。

さて、洗米を終えた米は、「浸漬」と言って、すぐに水に浸けて吸水を行います。浸ける時間は、日毎の気温や湿度によって、その都度、調整します。

飯米の場合は、米がかたくて吸水しにくいために浸漬は数時間かかりますが、酒米でとくによく精米した米は水を吸いやすいため、浸漬する時間は数分というように、精米歩合や米の品種によっても、水に浸ける時間はちがいます。浸漬を終えた米は水を切り、ザルやメッシュの袋に入れて翌日の朝まで置いておきます。そして、次は蒸米の工程です。

菌のおやすみどころ 米を蒸す◎「長珍」

教えてくれた人 愛知県「長珍(ちょうちん)」蔵元・杜氏の桑山雅行さん

パワフルでまっすぐな味わいに心を打たれたのが15年前。「長珍」は筆者がひとめ惚れ、いや、ひとくち惚れした日本酒でした。年々、まっすぐな味はみがきがかかり、シャープな鋭い後口が男っぽく、でもどこかやわらかさも持ち合わせている、色気のあるかっこいい酒に進化中。蔵元は日本酒づくりのなかでもとくに「米を蒸す」工程を力説しています。

酒蔵を訪ねるときに、いつも考えているのは、ぬかりない傍観者になりたい、ということです。

些細な作業でも目をこらし、匂いを感じ、耳をそばだてる。五感を使って、いつもハッとさせられたり、グッときたり、わくわくしていたい。

日本酒づくりのなかでも、米を蒸す工程は私にとって、そういうことを敏感に感じさせてくれる仕事です。ほかの工程でも見どころはたくさんありますが、ダイナミックで花形的な場面と言えば、米を蒸す作業があげられます。

蒸しあがりは１００℃を超えるほど熱く、うっかりしていると火傷してしまう蒸米の作業は、風景も匂いも人の動きも、おごそかなのに活気があり、何度、米を蒸す場面に心を動かされたことか。

さまざまな工程のなかでも、米を蒸すところをいちばん見たかもしれません。蒸米の現場に立ち会うときは、眠っていた自分の五感が刺激されてしまいます。

ある日のまだ日が昇らない、沈黙の早朝。

冷たい空気がはりつめた酒蔵では、蔵人たちがじわじわと動き出し、米を蒸す作業を開始します。

米を蒸すときは、直径１ｍくらいの鋳物の和釜（「長珍」では和釜を使っています）またはアルミニウム製の釜に水をはり、甑（こしき）という容器を使い、蒸籠（せいろ）と似たような原理で蒸します。

洗米と浸漬を終えた米を、布を敷いた甑のなかに入れて覆い、バーナーあるいはボイラーで、下から釜や甑を熱していきます。

最初は、動かぬ山のような静けさがありますが、しばらくすると、冷たい空気のなかにツーっと一筋の甘い匂いが鼻をかすめます。そして、徐々に甘やかな匂いは、真綿のようにほわほわとあたりを包みはじめます。

なおも見つめていると、湯気がもうもうとのぼってきて、熱してから約1時間で蒸米は完成します（蒸し時間は米の状態や日ごとの気温や湿度によって変わります）。

覆っていた布をはぎ取ると、湯気がぶわーっといっせいに舞い上がり、炊きたての米みたいな、なんとも言えないあったかい匂いが満ちてきます。

私はこの匂いをかぐのがたまらなくすきです。ふしぎな感覚なのですが、なつかしい気持ちになり、なぜかちょっぴり切なくもなります。

蒸米の匂い。それは、つくり手にとって、蒸し具合を予測する目印にもなるそうです。『長珍』をつくる桑山雅行さんは、こう話しています。

「いい蒸米ができたときは、匂いでわかるんですよ。よくできたときは、色にたとえるとやわらかい茶色のような、ちょっと香ばしいハチミツみたいな甘い匂いがします」

（よい匂いの基準は酒蔵によってちがうのがおもしろいところです。桑山さんのようにハチミツみたいな匂いをよいと言うところもありますが、その逆も。つくりたい酒質によってよ

いとされる匂いがちがうのです）

匂いだけではなく、蒸米のよしあしは、手にした感触でもわかるのだと言います。ベストは「外硬内軟（がいこうないなん）」です。外がかたくて内側がやわらかい状態が、日本酒づくりで使う米には求められるのですが、この状態をつくるさじ加減はむずかしい。

「こればっかりは、何度も蒸米にふれて体でおぼえるしかないんです。たとえば、〝ひねりもち〟と呼ぶ、両手の手のひらを使い、蒸米をもちのように練り潰して検証する方法があるのですが、練ったときの弾力でよい蒸米かそうじゃないのかを判断します。いい蒸米ができたときは、表面がパリッとしていて、押すとふっくらとやわらかく、適度に硬さがあって弾みがあります」

このように、日本酒づくりで使う米は、硬さとやわらかさの共存が大切です。この共存こそが、次の工程である麹づくりを助け、麹菌が健全に育つ快適なおやすみどころになるのです（P85）。

蒸米の外ではなく内側がやわらかいとは、水分を多くふくんでいることであり、湿気がすきな麹菌は米の内部に向かってすくすくと育ち、よい麹へと成長します。

ところが、蒸米がぬめぬめとベタついていたり、芯が残るほど硬いものはいけません。ベタついた蒸米だと麹菌は野放図に育ち、反対に硬いものは、繁殖力がよわくて麹菌の育ちが悪くなります。

「外側がベタベタした蒸米はとくに嫌ですね。水分がすきな菌が米の外側にもだらしなく繁殖するので、こういう麹を使うと、お酒が濃くて重くて、ざらっとした汚い味になってしまいます。僕は引き締まったキレのある日本酒を目指しているので、菌はひたすら内側に繁殖させたいのです。そのためには、外硬内軟のいい蒸米をつくらなくてはなりません。いい蒸米さえつくれば、あとは菌ががんばって繁殖してくれるんですよ」

いい蒸米をつくるためには、蒸したあとの冷ます作業である「放冷（ほうれい）」も重要な仕事でした。どのくらい時間をかけて放冷するかによって、蒸米の水分含有量がちがってくるからです。

日本酒づくりでは、麹だけではなく、ほかにも酒母（しゅぼ）（酵母を増やしたお酒のもと）やもろみ（お酒を発酵させたもの）づくりのときなどに蒸米を使いますが、桑山さんの酒蔵では、工程ごとに蒸米の状態はちがいます。純米なのか大吟醸なのか、どのお酒をつくるのかによっても、細かく放冷する時間は変えていると言います

「さらに細かい話をすると、もろみづくりでは、蒸米を数回にわけて入れるのですが（P168）投入するタイミングによっても、蒸米の質を変えています。麹は蒸米を糖化させるだけではなく、液化する働きがあるので、蒸米の溶け具合をコントロールするために、品温の異なる蒸米を使うのです。ひとことに外硬内軟と言っても、使い道によって性格が微

妙にちがうんですよ」

一例を紹介しましょう。

「長珍」の大吟醸や純米吟醸などに使う、精米歩合40％や50％などの蒸米をつくるときは、しっかり水分を飛ばして放冷し、1〜2℃まで冷ましたものを使います。よく精米した米は、麹にふくまれている液化する酵素の働きで、蒸米が発酵中に溶けやすいために、硬めの締めた蒸米をつくります。洗練された軽快な味をつくるためには、じわっじわっと米を溶かしたいからです。

反対に、そんなに精米していない、純米酒や本醸造などに使う蒸米の温度は、約7℃になるように放冷します。大吟醸や純米吟醸よりも、味をしっかり出したいこれらのお酒は、品温が高めの蒸米を使うことで、発酵中に米がよく溶けて味が乗った酒質になります。

蒸米が置かれた場所で力を発揮するためには、放冷もつくり手の細やかな気づかいが必要なのです。

「せっかくよい蒸米に仕上げても、放冷を適当にすると台無しです。米にはひと粒ずつ自立して力を出してほしいので、熱いうちに、水分を飛ばして米粒のかたまりをバラさなければなりません」

放冷は、手でほぐすか放冷機を使うのか、いずれかの方法で行われますが、蒸米が冷めてかたまらないように、素早くほぐして分散させます。そうすることで、米粒の水分含有量が均一になり、次の工程でまんべんなく麹菌を米粒に繁殖させることができます。

ちなみに、日本酒づくりではどんな仕事でも〝バラつき〟という状態を、よしとしないところがあります。精米も洗米も蒸米も、麹づくりのあとの工程も。

ひとつの工程の結果が、次の仕事で実を結ぶ、というくり返しが、お酒が完成するまでつづいていきます。

桑山さんは、

「どれだけ米のひと粒を想像しながら酒づくりができるのか。そこに感性を使い切りたいと思っています。つねに、ひと粒ひと粒を頭のなかで思い浮かべながら、仕事をしています」

ごはんのひと粒ひと粒を愛おしんで食べるように、つくり手は、日本酒づくりで使う米を粒単位で見つめています。液体になった日本酒は、単なる固体からできたのではなく、米ひと粒の集合体だということが、蒸米の仕事から透けて見えてきます。

ところで、日本酒づくりで使う米はなぜ炊くのではなく、蒸すのでしょうか。

それは、蒸した米が、日本酒づくりにもっとも適しているからです。

米を蒸すことで、つよい殺菌効果があり、米にふくまれているでんぷん分子の結晶構造がほぐれ、α化（糊化）されます。このα化された状態が、麹菌の生育や発酵に最適なだけではなく、日本酒によくない香りをもたらす、米が持つ不飽和脂肪酸が、蒸気とともに揮発する効果もあります。

とはいえ実は、蒸した米を使いはじめたのは近年ではなく、ずっとむかしから変わっていないことです。

日本酒づくりの今にたどり着くまでは、炊いたり煮たりした米を使ったこともあったでしょう。しかし、結局のところ残ったのは、米を蒸す方法でした。稲作がはじまり、米を食べるようになった弥生時代の前後は、甑を使って米を蒸して食べていたのですが、そのことも日本酒づくりの発展とは無関係ではないと思います。平安時代も江戸時代も、ずっと蒸した米を使って、日本人は日本酒をつくってきたのです。

そういうことを頭の片隅に置きながら、酒蔵で米を蒸す仕事を見ていると、過去と今がゆるやかにつながります。

私が蒸米の匂いをかいで、なつかしいと心を動かされるのは、むかしのつくり手の姿が、蒸した米の蒸気とともに、淡い輪郭のように、ほのかに、浮かび上がってくるからなのかもしれません。

酒蔵にいくときに気をつけたいこと

もしも、あなたが運よく酒蔵にいけることになったら、注意してほしい点がいくつかあります。

まず、いく前に納豆を食べないでください。蔵元さんたちによると、納豆菌はとても生命力がつよく、いくら消毒殺菌しても死活せず、たとえば、麹菌に混じってしまうと、麹菌を押しのけて繁殖してしまうそうです。麹は納豆のようにねばつき、おいしい日本酒をつくることは不可能になります。

蔵によっては、ヨーグルトや漬物など、乳酸菌をふくむ発酵食品を禁止しているところがあるので、事前に食べてはいけないものを聞くのをおすすめします。

中小規模の酒蔵は、一般的に見学を受け付けていない場合が多いので、必ず、酒蔵が見学できるか事前に問い合わせてください。また、酒蔵の仕事を邪魔しない、唎き酒をする場合は車でいかない、お酒を飲んだ状態でいかないなどは、当然の心構えです。蔵開きなどのイベントはまだしも、最近、日本酒づくりをしている時期に、ツアーと称して朝からお酒を飲んでいく人がいると聞いています。言うまでもなく酒蔵は職場です。酔っ払っていくようなことは控えてほしいです（そのかわり、蔵見学が終わったら、その酒蔵のお酒を浸るようにじっくり飲みたいですね）。

そこらへんを必ず踏まえた上で、酒蔵を訪ねてほしいです。いくことができる人は、ぜひ、またとない機会だと思って、真剣にたのしみましょう。きっと、日本酒がもっとすきになりますよ。

お酒にしてくれるつぼみ 麹づくり◎「廣戸川」

教えてくれた人 福島県「廣戸川（ひろとがわ）」次期蔵元・杜氏の松崎祐行さん

素朴な人柄と、福島訛りが特徴の36歳の松崎さんがつくる「廣戸川」は、初々しさと妙な老成感が同居しているお酒で、落ち着いているうまみのなかに、きらきらした透明感がある味わいです。コンテストで1位を取れる華もあり、ふだんの晩酌で人を癒すつつましさもある。彼はそんな味わいを、一本のなかで表現できる稀有なつくり手です。

はじめて、知ったとき、見たとき。
ふしぎなつくりかたをするなあと思ったものでした。

蒸米の後に行う、麹づくりのことです。

麹とは、放冷した蒸米に種麹（たねこうじ）（専門用語では「もやし」と言います）という麹菌をふりかけ、約2日間かけてつくる糖化させた米のことです。

わざわざ糖化させるのは、米が発酵するために必要な糖を持っていないため、麹菌の働きで、米のでんぷん質を糖に変える必要があるからです。

また、蒸米に麹菌を生やすのは、糖化のためだけではなく、酵母の栄養になるビタミンやアミノ酸などをつくり、蒸米を自然に溶かす酵素をつくるためでもあります。

この酵素には、まだ解明されていないたくさんの成分があると言われていますが（『酒造教本』（東京国税局鑑定指導室編・日本醸造酒協会）によると日本酒の麹は酵素のデパートなのだとか）日本酒づくりでは、麹、蒸米、水、酵母を入れてタンクで発酵させるもろみづくりのときに、とても活躍する成分です（酵素がないと米は固形のつぶつぶのままです）。

この麹ができてはじめて、米は日本酒になることが叶います。

酵母がおりてくれれば発酵をはじめる、糖を持ったブドウが原料のワインとはちがい、米は一筋縄ではいきません。

お酒になるための第一歩は、まず、米が麹になること。

そのためには、つくり手の力が必要です。

ものすごく重いものを持つ力や、トライアスロンのような過酷なレースに耐える力ではなく、たんたんとした静かな力が求められるのが、麹づくりです。

まじまじ、もくもく、という言葉が似合う、時間がかかる仕事だと思います。

そして、冒頭で書いたように、麹づくりは、ちょっとふしぎなつくりかたをする工程です。一見すると、まっすぐに進行していくのではなく、一歩進んでは一歩戻ることをくり返す作業です。まるで童謡の「むすんで ひらいて」のように。

むすんで（蒸米は最初ごろりとしたカタマリの状態）
ひらいて（蒸米を広げる）
手をうって（麹菌をうつようにふりかける）
むすんで（麹菌をかけた蒸米を包む）
またひらいて（包んだ蒸米を広げる）
手をうって（さらに麹菌をふりかける）

かなりおおまかに言ってしまうと、麹づくりとは、こういうことを手で行う仕事です。酒蔵によっては、自動製麹機（せいぎくき）という機械を使ったり、手順や方法が微妙にちがうのですが、基本的には、包んだものを広げて包んでをくり返しながら麹をつくります。

なんとも単純作業に思える麹づくりですが、つくる人にとっては、肝を冷やす仕事でした。

「廣戸川」をつくる松崎さんは、ため息まじりに話してくれます。

「麹づくりは、日本酒づくりのなかでも、最初にして最大の難関。僕にとってはいちばんはじめに乗り越えなくてはならない、おおきな壁なんですよ」

いきなりクライマックスが到来です、と松崎さん。

「麹の出来具合は、酒の味に直結するので、いい麹をつくらなければ、いい酒にはならないんです。僕の場合、酒をしぼって唎き酒をしたときに、あれ？　と首をかしげて納得できないときは、だいたい麹づくりに問題があるときです」

問題がある麹でお酒をつくると、薬品臭や煙臭を放つ4VG（ビニルグアイアコール）というよくない香りを出すと言います。

これは、オフフレーバー（異臭）の一種で、衛生管理に問題がある場合も出る香りですが、松崎さんの場合は、麹づくりがうまくいかないときに4VGが出たそうです。

「4VGは自分の酒にはつけたくない香りです。すでに4VG問題はクリアしましたが、一時は、自分の手についている菌が原因なんじゃないかと疑うくらい、ものすごく悩まされました。4VG対策のために、2015年には麹室（こうじむろ）を建て直したくらいです。正直、4VGが解決されていない時期に〝廣戸川の燻製みたいな香りがすき〟なんて言われたことがあって……たまらなくイヤでした」

麹とは、お酒になるための役割を果たすだけにとどまらず、酒質にもおおきな影響を与え、いい日本酒として花ひらくための、大切な花のつぼみのような存在なのではないでしょうか。大切な花のつぼみなのですから、待遇はとても手厚く、麹づくりは特別感があります。ともすると野ざらしのところで作業する工程とはちがい、麹室と呼ぶ、さながらＶＩＰルームの特別室があります。

断熱と暖房がゆき届き、換気もできる。保温もできれば除湿もできる。室温はつねに30℃前後に保たれているので、外の凍えるような寒さとは打って変わり、とてもあたたかい部屋です。こんなに手厚い環境でつくられるものは、日本酒づくりのなかでも麹しかないでしょう。

さらに、麹づくりは免疫力が未熟な赤ちゃんを相手にするように、手をかけます。どこかにいるかもしれない雑菌に汚染されないように、環境を整え、麹菌が育ちやすい蒸米の品温を上手につくらなくてはなりません。

蒸米のなかで、麹菌を守りながら育てるのです。まるで子育てのようですが、人間の子供とおなじく、どう育てるかで完成する麹の個性はちがいます。

麹菌の繁殖のさせかたは、おおきく分けると2種類あります。

麹菌を米の中心部に、ピシリと食い込ませるように繁殖させる「突き破精麹（つきはぜこうじ）」、米の内部全体にくまなく麹菌を繁殖させる「総破精麹（そうはぜこうじ）」です（松崎さんは、２０１９年の取材時は突き破精麹をつくっていましたが、２０２０年の現在はさらにうまみを増やすために、ほんのすこし総破精麹に近づけた麹をつくっています）。

どちらを使うかで日本酒の性格が変わり、「突き破精麹」はきれいなタイプで、「総破精麹」を使うと濃醇な日本酒ができます。

いずれにしても、日本酒づくりで使う麹は、麹菌を米の外側ではなく、内側にしっかり繁殖させたものがベストです。松崎さんは、内側に繁殖させる理由をこのように説明します。

「外に麹菌を繁殖させた麹だと、酒になったときにガラの悪い味、ってわかりますかね。そういう、くどくて雑味が多い日本酒になってしまうんです」

外ではなくより内へ、麹菌を繁殖させるためには、細かい温度管理が重要です。麹菌の繁殖に適しているという、蒸米の品温35℃を基準にし、５℃前後のふり幅で品温を上げたり下げたりをくり返します。

温度の変化に着目しながら、ある日の松崎さんの麹づくりを追ってみましょう（麹のつくりかたは、気温や米の品種、大吟醸か純米酒なのかつくりたいお酒によってその都度異なります）。

1日目、午前9時20分に麹づくりを開始。

❶放冷した蒸米を麹室に運び、布を敷いた台の上にのせます。
放冷した蒸米の品温は35～40℃。

❷台の上にのせた、ごろりとかたまっている蒸米を、丁寧にほぐして薄く広げ、蒸米の品温を均一にします。
蒸米の品温は34・5℃に下がる。

❸ほぐした蒸米の上に、種麹と呼ぶ麹菌を、細かく穴を開けたカップ（調味料の粉ふるい器に似ている）に入れ、シャン、シャン、シャンと、鈴を鳴らすように四方八方まんべんなくふりかけます。
蒸米の品温は31・5℃に下がる。

❹麹菌をふりかけた蒸米を布で包み、数時間、置いておきます。
蒸米の品温は32℃に上がる。

❺包んでおいた蒸米をさらによく揉みこんで広げ、ふたたび包みます。蒸米の品温は31℃に下がる。1日目は終了。

2日目。午前8時に麹づくり再開。

❻前日に包んだ蒸米を手で広げるか、あるいは切り返し機という機械に入れ、かたまった

蒸米をバラバラにします。

蒸米の品温は33〜34℃に上がる。

❼バラバラにした蒸米をおおきな箱に入れ、山のように盛った状態をつくり、布で覆っておきます。

蒸米の品温は31・5〜32℃まで下がる。

❽布で覆っておいた蒸米に手を入れ、さらにバラバラになるようによく揉みこみ、蒸米全体の温度を均一に近づけます。

蒸米の品温は37℃に上がる。

❾❼よりも薄い山盛りをつくり、しばらく置いておきます。

蒸米の品温は36℃に下がる。

❿盛っておいた蒸米をまた崩し、手を入れてバラバラにしてまた山盛りをつくり、放置します。

蒸米の品温は37〜39℃に上がる。

⓫山盛りの蒸米を崩して手を入れ、また山盛りをつくります。

蒸米の品温は40℃に上がる。

⓬山盛りになった蒸米を崩して米をバラバラにし、さらに薄い山盛りをつくります。

蒸米の品温は39℃に下がる。

⓭時刻は夜の21時。

蒸米の品温は42℃まで上昇します。42℃。実はこの温度がもっとも要で、きれいな甘みをお酒にもたらす、グルコアミラーゼが生成されやすい温度帯のため、朝まで42℃をキープします。

朝になったら出麹と言って、完成した麹を外に出して棚の上にのせ、約1日置き、麹づくりが終了します。

駆け足で麹のつくりかたを追ってみましたが、すこしずつ蒸米の品温が変化していることが、おわかりいただけたでしょうか。

このように品温が変化するのは、麹菌が蒸米に付着した瞬間に、生き物として活動をはじめるからです。

麹菌はすくすくと米のなかで成長し、自ら熱を発するため、たとえば200kgの蒸米に対して、20ℓも水分を出すときがあるほど熱を放出するのです。

麹菌をふりかけた蒸米はつねに呼吸し、繊細に品温を上下させるため、つくる人は気がぬけません。

蒸米の温度がなかなか上がらない場合、松崎さんはこういう状況を「風邪をひく」と言っていますが、そのときは室温を上げたり、何枚もの布で包んだり、蒸米のカタマリを厚くして保温したり、麹菌が繁殖しやすい品温をつくります。逆に温度が上がりすぎた場合は、麹菌が蒸米のあちこちに繁殖するのを抑えるために、手を入れて蒸米をバラし、品温を下げることもあります。

麹菌が蒸米のなかで育っている間は、よけいな雑菌に汚染されないように、麹室や使う道具は、カビが生えたり汚れたりしないよう常に清潔を保ち、麹室もつくり手自身も、衛生管理を徹底するのは言うまでもありません。

もし麹が汚染されてしまうと、納豆のようにぬるぬるしたり、お酒をだめにする成分が育ってしまい、日本酒づくりに使うと、匂いが悪く変に酸っぱいお酒になってしまいます。品温や衛生面など、細部にわたって気をつかう麹づくりは、経験が浅いとハラハラしてばかりで、不眠症になることもあるそうです。

「今はなんとなく感覚で、麹菌が育つ過程の予測がつくので不安は減りましたが、日本酒をつくりはじめた頃は、もう、心配しすぎて寝られないし、あまり寝ないで麹をつくっていましたね。蒸米の品温が気になって、なんども麹を見にいっていました。でも、それが麹にはもっとよくなかったんですよね。皮肉なものですが、なんども麹室を出入りしているうちに、人間が雑菌を持ち込む場合もあるんですよ。今は、必要以上に麹室に入らず、麹をつくるように心がけています。手をかけすぎてもだめですし、かと言ってほったらかしもよくないので、麹菌という微生物をわかるようになるためには、時間がかかると思います」

麹をつくる2日間は、目に見えなくても、蒸米の内部ではドラマさながらのさまざまな展開が起こっています。そのドラマの成りゆきを、つくり手は神経を研ぎ澄ませて感じとり、じっくりと麹をつくるのです。

ちなみに、よい麹とは、団子状にならずパラパラしてふっくらと弾力があり、見た目が白く、栗のような香りがすると言います。何度か食べたことがありますが、ほっくりとした食感で、噛んでいると口のなかでじわりじわりと甘みが広がりました。

コラム

麹の種類

日本酒の麹づくりでは主に、黄麹(きこうじ)と呼ぶ麹を使います。全国で数軒しかない、酒造用の種麹を扱う麹屋さんから、酒蔵はつくりたい日本酒に合った種麹を買うのですが、おなじ黄麹をつくる種麹でも、数十種類以上あり、今も改良を重ねた新しい種麹は増えつづけています。

日本酒愛好家のみなさんなら覚えがあるかもしれませんが、一時期、甘い日本酒が増えたのは、「白夜(びゃくや)」という、米を溶かす酵素をたくさん生み出す種麹が開発され、多くの酒蔵の間で使われるようになったからです。使う種麹の種類によっても、麹の性格を変えることができます。

ちなみに、焼酎は、温暖な地域でも安全にお酒づくりができるクエン酸を大量に生む、黒麹や白麹などを使います。

日本酒は黄麹で、焼酎は白麹と黒麹を使う、というのが鉄則でした。しかし、近年は白麹や黒麹を使って日本酒をつくる酒蔵も出てきました。これらの麹は、クエン酸を生成できるため、今までの日本酒にはなかった、爽快でシャキッとした酸味をつくり出すことが可能になりました。晴れた日に明るいうちから飲むのにぴったりな、すっきりと軽い味わいが特徴です。

お酒のもと 酒母◎「群馬泉」

教えてくれた人 群馬県「群馬泉」蔵元・杜氏の島岡利宣さん

筆者の晩酌酒として常備している一本。「群馬泉」は、枯れたなかに生き生きしたうまみの艶があり、ビシッとした輪郭がダンディなお酒です。とくに熱々に燗をつけたときの、つよくてやさしいうまみの感触が気持ちよく、体がほどける〝抱かれ感〟がたまらない。熱血漢で元気な蔵元の人柄も魅力です。

日本酒というと、奇跡のようになにかが起きて、自然に生まれるものだと思っている人もいるかもしれません。たしかに、日本酒は目に見えない微生物のおかげで発酵が可能になるお酒なので、奇跡的な産物であり、自然の作用が働いてないと言えば嘘になります。

でも、木がたくさん生えている立派な山々の自然も、実は植林など人間が整備しているからこそ、よい景観として存在していることも多く、今の世の中にまったく手つかずの自然などあまりないように、今の日本酒も人間の手入れなくして、おいしいお酒が生まれることはできないと思います。

日本酒だけではなく、自然にできた食べものと聞くと、ナチュラルでおいしそうですし、ありのままの状態から、なにかの力が働いて生まれる神秘で未知な感じは、妙に耳障りがいいでしょう。

しかし、手放しでナチュラルがいいみたいな思想が先行したり、自然だのみだけでつくったものは、体にいいとか滋養があるとかで、精神的には満足するのかもしれませんが、果たして口が素直によろこぶかどうかは疑わしい。

なにも計算せず、無作為にできたものは、独特のざらつきや、手づくりの空気感が魅力だったりもしますが（こういうものは物語性がつよいので人目は引きますが）、能書きをすっかり外して、ほんとうにおいしいと思ってもらうには、下地に相当の試行錯誤が必要なのではないでしょうか。

日本酒も、おいしくつくるためには自然だのみでつくること以上に、各工程の緻密な計画性と、酒質を構築する技術こそ大切だと思います。微生物に対して愛情を注ぐだけではなく、ときには厳しく、駆け引きをするくらい冷静な判断力も求められます。オーケストラを指揮するマエストロのような、統率力と演者の独創性を導く感性に近いのかもしれません。

「群馬泉」をつくる島岡利宣さんは私の指摘に、苦い顔でうなずきます。

「思想をもつのはいいことですが、思想だけで日本酒をつくると、はっきり言って申し訳ないのですが……おいしくはなりません。自分のつくりたい味をおいしく表現するためには、どれだけシビアに各工程を考えて実行できるかが大切です」

日本酒は、非常なまでの丹念さがなくては、おいしくつくれないお酒なのです。

麹づくりのあとに行う、酒母づくりを知ると、つくづくそれを実感させられます。

酒母とは、麹、蒸米、水、酵母が入った酛(もと)とも呼ばれる日本酒の原型で、おおきいタンクで原料を発酵させる前に、小型のタンクでつくるお酒のことです。

なぜ、ちいさいタンクでお酒をつくる必要があるのでしょうか。

島岡さんが教えてくれます。

「一度にどんとお酒を発酵させようと思うと、アルコールを生む酵母が、発芽するように次々と仲間を増やす間もなく、余計な雑菌に汚染されて死んでしまいます。そうすれば未熟な発酵になり、最悪の場合、発酵が止まってしまうこともあります。そうならないために、最初はちいさいタンクで、つよい酵母菌をたくさん育てることが必要です。酵母の数をしっかり増やせば、変な雑菌が入り込んでも、負けることはありません」

酒母をつくる最大の目的は、アルコールを生み出す酵母菌をたくさん培養するためです。

「学校で先生が、上手に子供たちを導くのとおなじように、人間が空気中にいるさまざまな菌を排除しながら、酵母菌をうまく誘導しながら育てるのです」

興味深いことに、日本酒の〝もと〟と言ってもこのときは、おいしさはいったん横に置いておきます。

「酒母はおいしくなくていいんですよ。とにかく酸っぱいことが大切です。この酸っぱい状態が酵母の繁殖のためには欠かせません」

このように酒母は、酵母を無事に育てる目的がありますが、島岡さんが教えてくれた酸っぱい味の正体である、乳酸の働きが重要な鍵をにぎっています。

自然界に無数に存在している、日本酒の発酵に向かない雑菌に立ち向かうためには、乳酸が心づよいサポート役になるからです。

酵母菌にとって、地上にいるウン億種類はくだらない菌のほとんどは弊害であり、そういう菌がいる環境では、乳酸なくして健全に育つことはできません。

酒母づくりの主役が酵母菌ならば、陰の真打ちが乳酸です。

酵母菌を雑菌から守り、水戸黄門の印籠のごとく、出てくるだけで一挙に問題を解決してくれるのが、乳酸という存在なのです。

この乳酸をどうつくるかで、酒母のつくりかたが変わってきます。

醸造用の乳酸を使う「速醸系酒母（速醸酛）」や、天然の乳酸を使う「生酛系酒母（生酛）」、「山廃酒母（山廃酛）」などがあげられます。

まず、「速醸酛」は、食品衛生法で食品添加物として認められている人工の乳酸を、最初から添加できる方法です。

基本的には（ひとことに「速醸酛」と言っても、ほかに「中温速醸酛」や「高温糖化酛」など細かく種類があり仕込みの温度や配合、かかる日数などが異なります）、麹、水、蒸米、酵母を、人工の乳酸とともに混ぜ合わせて仕込めば、約2週間で完成します。現代はこの方法が一般的で、はじめから乳酸によって雑菌をおさえることができるため、安全かつ確実に酵母を増やすことができます。

もともと酒母づくりは、「生酛」や「山廃酛」が一般的で、「速醸酛」は明治末期に発明されたものです。むかしは、腐造と言って、お酒が腐って売りものにならない事故が多かったために、開発された方法でした。「生酛」や「山廃酛」は、自然に乳酸がわいてくるのを待たなくてはならないため、雑菌を防ぐのが難しい方法だったのです。

腐造の原因を、島岡さんはこう考えています。

「腐造してしまういちばんの原因は、たぶん酒母の失敗じゃないでしょうか。酒母が完成したように見えても、そのなかには、日本酒の発酵に向いていない野生酵母菌がたくさん増殖していたことが考えられます。酒母づくりのあと、おおきいタンクで発酵したときに、よくない菌が増えていることに気がついても、取り返しがつきません。それくらい酒母づくりは重要です」

安全で確実に酒母をつくることができる「速醸酛」は、酒蔵の間で一般的になり、リスキーなつくりかただった「生酛」や「山廃酛」は、時代の経過とともに絶滅危惧種として、消えていく運命の匂いを漂わせていました。「速醸酛」が約2週間で完成するのにくらべて、「生酛」や「山廃酛」は約1ヶ月かかるため、非効率的だったことも理由にあげられます。

ところが、近年のことです。酒蔵の設備がよくなり、日本酒づくりの技術が向上していくにつれ、「生酛」や「山廃酛」がふたたび脚光を浴びるようになります。

蔵元さんたちが注目するのは、古典の酒母づくりに興味があったとか、ロマンを感じるとか、人工の乳酸という添加物を使いたくないとか、理由はさまざまです。

とくに、「生酛」づくりに挑戦する酒蔵は増えています。「生酛」の文字を、ラベルで見かけることも多くなりました。

「生酛」は、江戸時代後期に完成した方法で、半切り桶という底の浅い桶に麹、蒸米、水を入れて櫂(かい)という棒で全体をすりつぶす、山卸(やまおろし)（酛すり）と呼ぶ作業をするのが特徴です。

「米を人為的にすりつぶすことで、米が練れて糖度が高くなり、水っぽさがなくなるので、雑菌を防げる効果があります。ほら、砂糖がみっちり入った羊羹が腐りにくいのと一緒ですよ。水っぽいものには雑菌が生えやすいので、わざわざこの状態にすることは理にかなっているのです」

雑菌を防ぐためには、酛づくりで入れる仕込み水（日本酒づくりで使う水）の力も欠かせません。

酛をつくっている間に、水にふくまれている硝酸還元菌(しょうさんかんげんきん)が亜硝酸(あしょうさん)という成分を生み、これが出てくると、酵母のサポート役になる乳酸が生まれる下地ができるからです。

つまり、亜硝酸が増殖してしばらくすると、乳酸菌（乳酸とはちがう）が萌芽しはじめ、乳酸菌はやがて乳酸をつくるという仕組みです。

くり返しますが、乳酸ができれば、ようやく雑菌を防ぎ酵母が健全に育つ環境が整うというわけです。「生酛」は、この乳酸がわいてくる間に、雑菌から守るために、山卸を行うのです。

また、「生酛」とおなじく乳酸づくりからはじめる「山廃酛」は、大正初期に誕生した方法です。「生酛」で行う山卸という作業を廃止したために、〝山廃〟と呼んでいるつくりかたです。

手間のかかる山卸を省いたと聞くと、いかにもほったらかしでつくっている感じがして、生酛よりも簡単というイメージを持ってしまいますが、そうではありません。

実は、創業時の１８６３年から「山廃酛」をつくりつづけているのが、島岡さんの酒蔵です。

「山廃は、生酛にくらべてほったらかしのぶん、ベテランがつくらないと失敗しやすいつくりかたです。先ほど話したように、生酛は山卸をすることで糖度の高い状態にして、雑菌を防ぐ環境をつくることができるのですが、山廃はそれができないですよね。乳酸ができる前に雑菌をどう抑えこむのか、環境を整えるのがすごくむずかしいんです。仕込み水の亜硝酸が増えて乳酸をつくる乳酸菌ができるまでに、酒母の品温を上手にコントロールしないと、雑菌に汚染されてしまいます」

「生酛」で山卸をしたときとおなじように、雑菌を防ぐことができる糖度が高い状態にするためには、〝櫂でつぶすな麹で溶かせ〟が大切なのだと言います。

麹にふくまれている、米を溶かす酵素の働きを利用し、微生物の力で米を溶かして濃糖(のうとう)状態にするのです。

「自分が山廃酛をつくるときに必要だと思うのは、酵素をたくさん含んだ、米を溶かす液化力がつよい総破精麹です。さらに一緒に加える仕込み水のなかには、亜硝酸の親分である、硝酸還元菌の成分が多いことも重要なんです」

仕込み水の質も、つくり手がコントロールする場合があるのだとか。

「誤解を承知で暴露すると（笑）、日本酒づくりがはじまってすぐのときなのですが、清掃したばかりのピカピカの井戸から出てくるきれいすぎる水だと、硝酸還元菌がすくないので、あたためてすこし置いた水を使うこともあるんです（注＊もちろん水質検査はクリアした水）」

エサになるプランクトンがすくないと魚が育ちにくいように、きれいすぎる水だと、硝酸還元菌という亜硝酸を育てる栄養が足りないために、乳酸をつくる環境はつくりにくいのだと言います。

乳酸が生まれるまでに、硝酸還元菌からつくられる亜硝酸は、乳酸のかわりに雑菌を防ぐ役割をしてくれるからです。

そして、「生酛」や「山廃酛」は、酒母づくりで増殖させなくてはならない、酵母を添加するタイミングも、慎重に見極めなければなりませんでした。

酒母をつくるために必要な微生物たちには、相性のいい悪いがあるのです。

「ふしぎなのですが、酛づくりの前半に出てくる乳酸菌と亜硝酸は相性がよくて、酵母菌と亜硝酸は相性が悪いんですよ。酵母菌は、亜硝酸があると負けて死んでしまう性質を持っているからです。３つの菌は酒母をつくるために必要な存在なのに、組み合わせがすこしずれるだけで、打ち消しあう仲になってしまいます」

タンクのなかで、役目を終えた亜硝酸が死滅し、乳酸だけの状態にならないうちに酵母を添加すると、いつまでたっても発酵することはできません。

「うちの蔵でそういうこともわからずに、感覚だけでアバウトにやっていたときは、酵母を添加したのに３日経っても発酵しないこともあって、もうひやっひやでした」

目に見えない微生物の世界は複雑で、酵母を添加するタイミングを決めるのは、つくり手の感性が試される瞬間です。

「ややこしいのですが、仲良しの乳酸菌と亜硝酸のバランスを取りながら、うまく亜硝酸を減らして乳酸菌でつくる乳酸を増やしつつ、亜硝酸が消えた瞬間に酵母菌を添加することが大切です。焦って酵母を添加したら絶対にだめですね。慌てず騒がず、慎重に酒母の状態を見極めます」

今でこそ、亜硝酸が消えたかどうかは、測定器である程度わかりますが、むかしはつくり手が体で判断するしかありませんでした。

「こんなにむずかしい微生物のコントロールを、感覚だけで察知しながら、無事に生酛や山廃酛をつくるのはすごくたいへんですよ。腐造が多かったのもうなずけます。そういえば、むかしの酛屋（酒母を担うつくり手）は、歯が溶けている人が多かったみたいですが、舌の判断に頼るベロメーターのように、酒母の味見を頻繁にしていたからです（乳酸は歯を溶かしてしまうことがある）。私が蔵に帰ってきたばかりで酒母を勉強していた頃は、自分もよく舐めていたのですが、当時の杜氏に『ちゃんとうがいしとけ』と言われたくらいですから（笑）。むかしの人はだいたいの感覚で味見して、このくらい酸っぱくなってきたら、酵母を添加するサインだということを、体感的に知っていたのだと思います」

「速醸酛」にくらべると、数倍も手間がかかるのに、そうまでしてつくりたくなる、「生酛」や「山廃酛」の魅力はどこにあるのでしょうか。

「天然の乳酸を用いる酛は、いわば酵母のアスリート集団ですよ。速醸酛は、もともと安全な環境で酵母が育つのですが、生酛や山廃酛はそうじゃない。速醸酛よりも、雑菌に責められやすい環境に酵母は置かれるわけですから、子供の頃からサバイバルで育った野生児みたいなものです」

過酷な環境で育った酵母は、本格的に発酵をはじめるタンクで、いかんなく力を発揮してくれます。

「生酛や山廃酛で育った酵母は、おおきなタンクで活動させるときに、温度変化にも耐えられますし、多少の雑菌が混じってもへこたれることはありません。とにかく発酵が元気なんですよ。うちでつくる山廃酛を使った場合ですが、酒になったときにも力づよさは失われず、僕が目指している、パワフルで深い味わいになります」

酒母の量は、日本酒の全体からしたら約7％しかありません。しかし、酒質の外見につよい影響を与えるものでした。

どの酒母を使うかで、味わいのタイプが変わってくるからです。つくり手によって、酛から派生する酒質は微妙に一定していませんが、「速醸酛」からできた日本酒は線が細くて可憐な味わいになり、「生酛」を使えばきれいでふくよかな味わいに。そして、「山廃酛」は、「群馬泉」が模範になる味だと思います。骨太で深みがあり、うまみがしっかりしたお酒になりやすいのが特徴です。

香りをつくったもの 酵母 ◎「仙禽」

教えてくれた人 東京都「日本醸造協会」研究室長・技師の中原克己さん

日本醸造協会（前・醸造協会）は、酒蔵で働く人たちの技術指導および業界誌の発行、酵母の研究・販売元などとして、明治39年に設立され、現在に至ります。なかでも中原さんは、大学生時代からあらゆる酵母菌を研究し、平成9年に日本醸造協会に入社してからずっと日本酒の酵母菌を手がける、酵母歴25年目のスペシャリストです。

教えてくれた人 栃木県「仙禽」蔵元の薄井一樹さん

契約栽培をしている地元の米と水、酵母のみで日本酒をつくる酒蔵で、蔵元は、キュートな甘酸っぱい日本酒をつくる名手。暗がりでしっとりしみじみ飲むのもよし、明るい太陽の下で飲むもよし。薄はりのグラスやワイングラスで飲みたくなるお酒です。日本酒について言葉にするときの、軽妙な語り口と豊かな表現力も蔵元の特筆すべき点。筆者とはおない年で互いに同志のような存在です。

酒母づくりで触れた、酵母の話をもうすこしさせてください。

私にとって酵母とは、風のようなものです。

実体は、風のようにとらえどころがなく、つねに流動的で、発酵タンクの中でかすかな振動を肌や耳で感じるだけの、いどころがはっきりとわからない存在です。れっきとしてそこにはあるのに、つかもうとしてもなすすべもなく、すぐに手から滑り落ちてしまうようなものでもあります。

日本酒をつくるにあたり、発酵をつかさどる酵母が欠かせないことは、言うまでもありませんが、そういう風みたいなものは、あることは感じていても、どことなく意識から遠ざかってしまいます。

日本酒をめぐるものごとのなかでも、私は酵母のことを、風のように感じ、実体として意識するのを、自然にやめていたのかもしれません。

しかし、私の母親のひとことがきっかけで、酵母について深く考える機会が訪れます。

母親は、お酒を一滴も飲めない下戸なのですが、あるとき、こんなことを聞いてきました。

「あなたがすきな日本酒ってどんな味がするの?」

えっ。私は言葉に詰まってしまいます。

どこそこの銘柄とか、大吟醸や純米酒とかではない。

母親は「日本酒って」と聞いてきたのです。

お酒を飲めない人からしたら、スペック以前に、日本酒の味そのものを知ることはできません。「日本酒」というお酒がどんな味がするのか。母親の疑問は、ごく当たり前のことなのに、盲点でした。

私は、母親の質問に言葉を濁すばかりで答えが出てきません。こんなに、日本酒を飲みつづけている私が答えられないとは、いったいどうしたのでしょう?

以来、夏休みの長い宿題を与えられた学生のように、私は母親が言葉にした「日本酒ってどんな味」の答えを、くる日もくる日も考えつづけました。

そして、もやもやとした気持ちのまま時間は流れ、考えすぎて逆に忘れそうになったある朝、私はハッと気がつきました。

もしかしたら、今の日本酒には、核になる味がないのではないか、と。

ワインやビール、焼酎などは飲みくらべればちがいがあるにせよ、なんとなく原料から想像できる味というものがあります。ワインだったらブドウ、ビールは麦、焼酎であれば芋は芋、麦は麦、米は米というように。

でも、日本酒の味、という集合体を想像すると、急に頭が騒がしくなります。日本酒は米からできたお酒なのですが、すぐに米の味をイメージできるのかというと、かなり疑わしい。ある人は華やかな香り、ある人は炊きたてのごはん、ある人は甘酸っぱい、ある人は濃くて甘い味。ある人はフルーティな味などと答えるでしょう。ぜんぶ、まちがいではありません。

つまり、「日本酒ってどんな味」の答えは、人によって星の数ほどあるのです。基準というものを設けようとするとうろたえるくらい、イメージがまとまらないのが、今の日本酒の特徴なのではないでしょうか。

今よりも日本酒が日本人に飲まれていた昭和時代は、日本酒の味というものに対して、米を想像できるかはさておき、なんとなく共通の認識があった気がしています。

その時代に日本酒を飲んだことがないので、はっきりとしたことは言えないのですが、昭和時代から長い間、日本酒を飲みつづけてきたという先達たちに話を聞いていると、日本酒の味に対する答えはもっとシンプルだったと思います。

辛口、甘口、しっかり、スッキリ。

だいたいこのくらいの言葉があれば、日本酒の味を説明できたでしょうし、語れたのではないでしょうか。でも、今は、これらだけでは言葉にできないくらい、いろんな味がありま す。

音楽には、ロックもジャズもポップスも歌謡曲も演歌もあるように、今の日本酒のなかには、さまざまなジャンルの味が存在しています。

第1章でも触れたことですが、日本酒の味という集合体をバラしていくと、このようになります。

リンゴやメロンなど、フルーツみたいな香りがするもの。ネオンが似合うビカビカと派手な香水みたいな風味。飲めば口中がお花畑になる可憐な味。ミネラル感がある透明な味。枯れたおじいちゃんみたいな哀愁の味。黒糖みたいなコクのある甘い味。ナッツのようなオイリーな風味。ビネガーみたいな酸味があるもの。柑橘系の酸っぱい味。

(あくまでも私の主観ですが)あげればきりがないほど、味わいは多彩なのです。米という、シンプルな素地をもつ原料を使っているにもかかわらず、なぜでしょうか。

答えの鍵は、酵母にあるのではないかと、すくない知識をもとに、私は考えてみました。

風のように、日本酒のそばにいる酵母こそが、日本酒の味わいをまとまりのないものにしているのではないのでしょうか。

まずは、酵母の正体を明らかにしていきたいと思います。

日本酒で使う酵母の正式名は、清酒酵母で英名はサッカロマイセス・セレビシエ。サッカロマイセスはギリシア語で「糖」「菌」を意味し、セレビシエはラテン語のビールから名づけられた名前です（以下、酵母で統一します）。

酵母とは、わずか数ミクロンの単細胞微生物であり、人間の肉眼で見ることはできません。そんな小粒にもならない微生物を、どうやって集めるのでしょうか。

くわしいことを、日本醸造協会の中原克己先生が教えてくれました。

「酵母は、発酵中の良質なもろみから採取されたものが種菌になるのですが、その種菌を培養して増やし、遠心分離機という機械で、酵母を培養液と分離して集めます。それを滅菌水（無菌の水）とともに、アンプルというガラス製の細長い容器のなかで、冷蔵保存します」

どれくらい保存ができるのでしょうか。

「生きている酵母が滅菌水に入っているだけなので、常温だと使用期限が短くなるため、必ず冷蔵で保存してもらいます。使用期限は、酒蔵に届いてから約1ヶ月です。乾燥した酵母もありますが、液体状のものをほとんどの酒蔵では使っているのではないでしょうか」

試験管のような形をしているアンプル1本は、わずか約10㎖しかありませんが、たった10㎖でも、約200億の酵母が生息していると言います。

アンプル1本を使えば、1トンの米を発酵させることができ、1升瓶で約1200本の純米酒ができるのです（「酒類総合研究所」2016年情報誌より）。

このアンプルに入った酵母が、子種のようなもので、酒蔵では重宝されています。

麹室にいけばどこかにある粉末状の種麹菌とちがって、酵母はなかなか会えない神秘的な存在です。酒蔵をすこしうろついただけでは、どこにいるのかわかりにくく、ちょっと得体の知れないものなのではないでしょうか。

なぜなら、酵母は1種類ではないからです。

現在、全国で使われている酵母の数は「100種類以上はあります」と中原先生。

日本醸造協会で培養、頒布されているのは、29種類（頭に「きょうかい」「協会」と名がつく）。まるでロボットのように番号がつけられていて、1号～5号は保存のみであまり稼働していないものの、6号～14号、あとは、601号だの901号だの1001号だの、大型分譲マンションの部屋のごとく番号は異なります。

全国の酒蔵のもろみ（タンクで発酵させたお酒）から分離した酵母のほか、稲を交配するように酵母を掛け合わせてつくったものまで、個性はいっぱいあります。特徴がちがい、なにを使うかによって発酵具合や香り、味わいなどの風味が変わります。

秋田県の「新政」から生まれた6号は発酵力がつよく、香りはやや低くまろやかで、淡麗な酒質になる傾向があり、長野県の「真澄」の7号は、穏やかな香りでバランスのとれた味わいになりやすい、というように。

ただ、酵母の特性を引き出すためには、日本酒づくりの構成力が必要です。

「添加するだけでは、目的の酒質をつくることはできません。酵母にはそれぞれもとから備わっている性質がありますが、それを引き出すには、日本酒づくり全体のバランスを考えることが大切です。どれだけ精米した米を使うのか、どんな麹をつくるのかなど、日本酒づくりの全体をどうするのかによって、酵母を選び、あるいは、選んだ酵母によってつくりかたを考えていかないと、酵母の特性を活かせず、目的の味をつくることはむずかしいと思います。きっと、酵母の特性は行き場を失い、酒質は迷走するでしょう。ひとつの酵母の使いかたを追求するのだって、すごくむずかしいことなのです」

酵母は、ふりかけるだけですぐ目当ての日本酒に変身する、インスタントな魔法の調味液ではない。

「私たちはいわば、良質な道具（酵母）を提供するだけで、大工さんにいいカンナやノコギリを卸すような存在だと思っています。切りやすい削りやすい道具を開発する努力はしますが、渡した後にすばらしい作品にするのは、大工さんの腕であるのとおなじように、いい日本酒に仕上げるのはつくり手のみなさんです」

ところで、酵母という存在が、日本酒の世界で〝ある〟ことが前提になったのは、そんなに遠いむかしのことではありませんでした。

「明治期まではどの酒蔵も、蔵にもともと棲んでいる〝蔵付き酵母〟と呼ぶ、天然の酵母で日本酒をつくっていたのです。酛すりをする生酛づくり（Ｐ１４３）のように、硝酸還元菌や亜硝酸、乳酸菌など、安全に発酵するために必要な数種類のバクテリアを介して、酵母が働きやすい状態をつくり、発酵するのを待つ方法が主流でした」

むかしのつくり手は、酵母の存在を理解していなかったのだと言います。

「当時の一説では、ワインは酵母菌でアルコールができるけれど、日本酒は麹菌で発酵するものと考えられていたのです。酵母はなんとなく存在していたけれど、実体のない微生物だったために、くわしいことは誰も知りませんでした」

日本酒の酵母の存在が認められたのは、明治28年。

矢部規矩治（きくじ）という博士が、発酵中のもろみから酵母を分離することに成功します（どのもろみから分離したのかはいまだに不明）。日本酒をつくる発酵を主につかさどるのは、酵母だということを、世界ではじめて発見したのです。

明治39年には、「櫻正宗」をつくる兵庫の酒蔵で、優良な酵母を分離することに成功し、晴れて「協会1号酵母」として頒布できることになりました。

とはいえ、まだ酵母の存在が認知されていなかったために、販売をはじめても、使う酒蔵は少数派でした。

「日本醸造協会の前身である醸造協会は、酵母を日本で最初に頒布した機関ですが、そこは、もともと隣にあった醸造試験所（P２７０）に日本酒づくりの技術や知識を勉強しにきた講習生、つまり蔵元の有志がつくった機関でした。日本酒づくりを学ぶだけではなく、酵母を頒布する事業を、はじめたのも彼らです。でも、講習生たちが全国に酵母を販売しますと言っても、買う人はすくなかったのではないでしょうか。目に見えない微生物を頒布することに対して、当時の蔵元たちが、信用したり理解するのは時間がかかったと思います」

蔵に棲みついた酵母ではなく、他からもってきた酵母を意図的に添加する方法は、当時の人たちからすれば、かなりの冒険だったのかもしれません。

また、明治期というと、今のような冷蔵システムがあるわけではなく、郵送の手段も発達していない時期です。当時の酵母はフラスコで培養し、沈殿したものを瓶詰めして常温で売っていたようなので、酵母の状態は今ほどよくありませんでした。

すべての酵母が、使えばスムーズに発酵できるという確証はなく、前例のすくないものを原料に添加するのは、リスクがあることです。目に見えない酵母の存在を、疑う人がいたってふしぎではないですよね。

ただ一方で、もろみが腐って売りものにならない「腐造」という深刻な事件が、全国の酒蔵で多発していたのもこの頃です。

そのときによって、どう発酵するのか状況が予測できない、不安定なつくりかたを改善するために、どの酒蔵も頭を悩ませていたときでもありました。

「腐造が増えれば酒税を徴収できないので、安全なつくりかたを全国の酒蔵に技術指導する役目を、大蔵省（現・国税庁）が積極的に担いはじめた時期とも重なります。酒蔵の間ではまだ認知されていなくても、安定した酵母を使うことを勧めていたようですし、これからの日本酒づくりにおいて、重要な存在になるということを、予見していたのではないでしょうか」

予見は的中します。酒蔵に棲みついているとはいえ、どこからやってきたのか素性がわからない酵母ではなく、身元がはっきりした酵母を使うことにより発酵は安定し、腐造はすこしずつ減っていきます。

腐造を防ぐつくりかたとして、前項で速醸酛の開発を紹介しましたが（Ｐ１４２）、それよりも先に日本酒づくりに、安定をもたらすヒントを与えたのは酵母だったのです。

すこしずつ培養した酵母の使用が広まると、新しい酵母の発見も盛んになります。先ほど紹介した「新政」の6号は昭和10年に、「真澄」の7号は昭和21年に頒布を開始します。うまみをつくるアミノ酸やコハク酸がすくない、酸度が高くなる等々、あらゆる性質を持った酵母が続々と誕生しました。

とくに香りが出やすい酵母に注目が集まり、「フルーティ」「華やか」という、新しいジャンルの酒質が確立しはじめます。

素朴な風味の米が原料なのに、かぐわしい香りをつくることができるのは、中原先生によると「日本酒の酵母にはもともと、米が糖化した濃糖状態に反応して香りを出す性質が備わっています」とのこと。

香り系の酵母の走りは、昭和27年に熊本県の「香露（こうろ）」から分離された9号（熊本酵母）だと言われていますが、以降も華やかな香りを出す酵母の開発はつづいていきます。

華やかな香りと言っても、つくりかたによって、花にもハーブにも果物にもなる酵母が登場し、日本酒の味は百花繚乱。香りというものは、つくり手を魅了し、よりつよいものを求めてしまう、中毒性があるのかもしれません。

全国新酒鑑評会という、明治44年にはじまり現在もつづいている日本酒のコンテストで、金賞が取りやすいという評判も広まり（実際に香り系酵母を使った日本酒は金賞を多数受賞）、時代は奥ゆかしい控えめな味や、いぶし銀の男らしい味よりも、若さいっぱいキラキラと派手な味わいが、日本酒の世界を席巻するようになります。

そして、香り系酵母のひとつの到達点は、日本醸造協会で交配培養し、平成18年に頒布された「１８０１」という酵母でしょう。

中原先生の声がすこしだけ弾みます。

「近年、うちでもっともヒットした酵母です。とにかく際立つような香りが出て後味が軽いんです。ただ、ほかの酵母にくらべて発酵力がよわいのです。もろみをしっかり濃糖状態にしないと香りが出ませんが、濃糖にしすぎると酵母が増えず、順調に発酵が進みません。しぼった後の管理など、日本酒づくりで工夫がたくさん必要なワガママちゃんなのですが（笑）。金賞を取れる酵母として、いまだに反響があります」

では、つくり手は、酵母の進化をどう感じているのでしょうか。「仙禽」をつくる薄井一樹さんはこう言っています。

「酵母の発展は、日本酒業界の発展にもつながったと思っています。酵母は、とくに華やかな香りをつくった、ものすごい貢献者ですよ。華やかな香りの日本酒のおかげで、飲む人は確実に増えましたよね。どちらかというと、年配の方々が飲むイメージがあった地味な日本酒が、ガラリと変わりましたから」

華やかな香りがもたらしたのは、それだけではありません。

「飲みかたの多様性が広がりました。華やかな香り、つまり私たちはカプロン酸エチルと呼ぶのですが、この成分によって華やかな香りがつくれるようになった結果、今まで飲むときに使っていたお猪口だけでは力不足になります」

猪口や盃ではすくいきれないほど、日本酒の表情は豊かになりました。

「化粧が派手になると、着る洋服もおしゃれじゃないと釣り合わないように、日本酒も香りが高くなれば、ワイングラスや薄はりのグラスなどに注ぎ、香りをたのしみながら飲みたくなりますよね。料理も和食ではなく、すこし気取ったくらいの洋食に合わせても違和感がなくなりました」

香りが多彩になるだけで、日本酒を取り巻く環境は徐々に変わり、日本酒に対するイメージを軽やかにします。悲喜こもごもをねっとり歌った演歌よりも、軽快なポップスが似合うお酒のように。

今でも、どっしり落ち着いた味わいや、味も香りも控えめなタイプの日本酒もありますが、ぐんぐん勢力を伸ばしてきたのは、華やぐイメージのポップスタイプの日本酒です。

それは、日本酒のためには、よかった、のでしょうか。

私が話した言葉に、皮肉なものでね、と薄井さん。

「酵母の発展は、つくり手の五感やクリエイティブなものを鈍らせてしまった側面もあります。つまり、酵母だのみの日本酒も増えたということです」

いったいどういうことなのでしょうか？

「たとえば、香り系の酵母と言っても、むかしは、カプロン酸エチルを引き出すためには技術が必要でした。その技術が酒蔵によってちがうからこそ、はっきりした個性が生まれたのです」

私が感じたように、酵母はまとまりのない多彩な個性を生む一方で、酵母に頼りっぱなしになれば、おなじような酒質を生んでしまう側面もありました。

「今だって酵母を使うのは手放しで簡単なわけではないですが、酵母が進化したために、カプロン酸エチルの香りだけはいとも簡単に出すことができます。そうなると、つくり手は、前ほど工夫が必要じゃなくなりますよね。こんなに便利なものはないですよ。酵母にたよった酒づくりをすれば、誰がどの酒蔵でつくっても、似たニュアンスの酒質をつくることはできますし、実際に、最近、似かよった味も増えていると思います」

しかし、反動はあります。新しい香り系の酵母が増えつづけ、つくり手がこぞって使った結果、ふるくからある6号、7号などシングルナンバーの酵母を見直す酒蔵も、すこしずつ多くなってきています。

日本酒づくりの環境に対して適応能力があり、香りは控えめでも発酵が旺盛で芯がつよく、熟成にも耐えうるお酒になりやすいのが、シングルナンバーのつよみなのだと言います。

「僕の酒蔵で使っているのは、栃木県がシングルナンバーから開発した栃木酵母で、華やかな香りは出ないけれど、発酵力がつよくて底力があるんですよ。こういう酵母のほうが、酒蔵の風土や酒米の特性を出すことができます。酵母の特性がもろに酒質に出るような、酵母に依存した日本酒はつくりたくないです」

改めて、酵母の存在を考えてみると、暗闇で背後から足音が聞こえてきたときのように、私はじわりとおそろしくなってしまいます。

思えばつくり手は、酵母が働くために米を削って蒸して麹をつくり、右往左往しながら手をかけて環境を整えます。すべては酵母のために。酵母が機嫌を損ねれば、おいしい日本酒への道はありません。

当然のことですが、この当然が日本酒づくりに自然と寄り添っている事実に、私は圧倒されてしまいます。

酵母とは、身元を証明されてから、それほど年月が経っていないのにもかかわらず、気がつけばつくり手をも牛耳る存在へと、静かに進化してきたということなのでしょうか。薄井さんが話してくれた、次の言葉が胸をつく。

「日本酒は、みなさんが思っている以上に、〝酵母さまさま〟でつくるものです。なので、僕の考えだと、もっとも酒質に影響するのは、原料の米ではないんです。酒質に影響する1番は、酒蔵の酒質設計。2番は酒母（速醸酛か生酛かなど）。次が、酵母です。酵母が、日本酒づくりの中でも上位のファクターであることは、まちがいありません」

現在も、日本醸造協会だけではなく、各県で新しい酵母の開発は進められていて、今後、どのような香りや風味を生み出す酵母が誕生するのかは、未知数です。酵母の種類が増えれば、似かよったニュアンスの酒質が増えても、味わいはさらに細分化されるでしょう。

冒頭で書いた母親の質問を、ふたたび自分に問うてみる。

「あなたがすきな日本酒ってどんな味がするの？」

いくら考えても答えはまとまるはずがない。

風みたいにとらえどころがない、さまざまな酵母がありつづける限り、日本酒の味はハレーションのように広がっていく。

だんだんふやす もろみとアル添について ◎「澤の花」

教えてくれた人 長野県「澤の花」次期蔵元・杜氏の伴野貴之さん

「澤の花」は、クラシック音楽のうつくしい音色のように細やかで、可憐で凛とした味わいをもつ日本酒です。醸造アルコールを添加してつくる、本醸造や吟醸酒などは名品級です。つくり手として腕がある反面、蔵元はアルコールによわい下戸で甘いものに目がないというスイーツ男子。シャイな一面がありますが、日本酒づくりに対して熱い想いを秘めている人です。

つづいてもろみの工程ですが、日本酒づくりとはじれったいくらいに手順があるものです。

精米からはじまり酒母づくりにたどり着くまでも、気が遠くなるくらいじれったい。技術も設備も進化しつづけているのに、今でも手順だけは、きびしい戒律のように守られていて、省略も合体もない。1個飛ばしなど毛頭ありません。

もうすこし簡単にならないものかと、やきもきしてしまうことすらあります。いつの頃からか日本酒づくりは、合理化、効率化というたぐいのものを、意図的に放棄してしまったのではないかと思うくらい、手数をかけます。

酒母をベースに、原料を発酵させるもろみづくりが、そうでしょう。

麹を栄養に育つ酵母は、酒母という母体のなかで元気いっぱいあふれんばかりに増殖し、発酵したくて今か今かと活躍のときを待っているのに、あえて一気に発酵させないのが、もろみづくりです。

おおきいタンクのなかに、酵母が育った酒母、麹、蒸米、水などを入れ、すこしずつ量を増やしながら、約1ヶ月かけて慎重に発酵を進めなければなりません。一般的には3段仕込みという原料を3回に分けて仕込む方法で、段階ごとに「添(そえ)」、「仲(なか)」、「留(とめ)」と呼んでいます。

なぜすこしずつ増やすのでしょうか。

日本酒づくりについて書かれた専門書には、どの本にも3段仕込みが基本中の基本として紹介されています。3回に分けて仕込むのは、有無を言わせない絶対的な方法なのでしょうか。

世間のあらゆるものが効率化され、イノベーションが進められている現代で、省略される兆しがない3段仕込みって、いったい。

文献を調べてみると、3段仕込みという方法が確立されたのは、室町時代にまでさかのぼります。私は、室町時代から今に至るまでの経緯を想像してあっけにとられ、心のなかでおおきく首をかしげてしまいました。

この変わっていなさは、いったいなんなのだろう。

日本酒づくりの進化の裏側に、のっぺりとはりついている、ノスタルジックな3段仕込みという方法に、きっと深い意味があるはずです。

酒母が完成し、あとは蒸米や麹を加えれば発酵できるという状態なのに、なぜ、一気に発酵させないのでしょうか

私の質問に、「澤の花」をつくる伴野貴之さんは、目をギョッとさせながら、答えます。

「へっ？　一度に？　いやいやいや！　ダメでしょう。あのですね、3段仕込みは慎重に発酵させるための方法だということもありますが、もろみはとにかくゆっくり発酵させたいんです。やったことはないですが、たぶん、一気に発酵させることもできなくはないですよ。でも、そうするともろみの品温が急に上昇して、いきなり発酵温度のピークがくることにな

ります。専門用語では、早湧（はやわ）きするというのですが」

早湧きするとなにがいけないのでしょうか。一気に発酵することができれば、短期間にアルコールを得ることができて、効率がいいのでは？

「一気に温度が上がるということは、酵母の活動が活発になり、発酵が先行してしまいます。タンクのなかでは、麹によって蒸米を糖化させる働きも同時に行われるのですが、酵母が糖化したものを食べる働きのほうがつよくなって、酒になったときに味が薄っぺらくなり、荒くてただ辛い日本酒になるんですよ。おいしい酒にするためには、糖化とのバランスを取りながら発酵させなければなりません」

糖化とのバランスが大切だと聞いて、初歩的なことを思い出しました。

日本酒は、ただたんに原料をもとに発酵するのではなく、並行複発酵（へいこうふくはっこう）という、ほかのお酒にはない独特の発酵法を経て、アルコールをつくります。

もろみづくりでは、タンクのなかに、酵母が育った酒母、麹、蒸米、水を入れて発酵させるのですが、麹によって蒸米が糖化され、糖化された蒸米を酵母が食べてアルコールをつくる、というふたつの作用が同時に進みます。

これが、並行複発酵というもので、発酵が暴走してしまうと、伴野さんが言うように、アルコールを出すばかりで糖化が追いつかず、酵母の栄養になる糖は、すぐに足りなくなってしまうのです。

糖という栄養がなければ酵母は増殖せず、味がないお酒になるだけではなく、酵母がすくない状況では、あらゆる雑菌を抑えることができずに、雑菌の繁殖力に負けてしまう可能性も高くなります。

ならば、酵母の栄養になる、糖を持つ麹を大量に使えばよさそうですが、ことは単純ではないようです。

「麹は発酵中のもろみのなかで溶けにくく、しぼったときに酒粕ばかりになって取れるお酒の量が減ってしまいます。お酒よりも、二束三文で売られる粕のほうが多くなれば、原価が高くなり経営を考えてもよくないですよね。しかも、麹が多いもろみは、甘重くて飲みにくい味になってしまいます」

３段仕込みをするのには、のっぴきならない理由が隠されていました。

「どう考えたって、３段仕込みは理にかなっている方法です。最初に誰が思いついたのか、すごいとしか言いようがないですよ。僕なりに考えるならば、３段仕込みという方法は、雑菌を抑えて無事につくるだけではなく、発酵に対しての気づかいだと思います」

発酵に対しての気づかいとは、酵母が発酵をはじめてから最後に息絶えるまで（酵母は最後、自らが生み出したアルコールで死んでしまう性質がある）、酵母の一生を、いかに健全にまっとうさせられるのかに尽きるのだと言います。

そのために、「添」、「仲」、「留」の3回にわけて仕込むのですが、さらに、酵母のために添のあとには、「踊」という休憩もつくります。

酵母を休憩させるとは、どういうことなのでしょうか。

「いい酒をつくろうと思ったら、踊の休憩も外せません。踊のときの発酵具合が、その後に多大な影響を与えるからです」

いわば、踊は、酵母の健康状態を診断する時間です。ここで酵母の活動がよわければタンクを温めて発酵をうながし、発酵が旺盛すぎれば冷やして落ち着かせる、というように、どんな状態なのかによって処方は異なります。

「踊でちょうどよく発酵していないと、最後の留まで酵母はよい活動ができないんですね。寿命がおなじ70歳でも、不健康に暮らして人生が終わるのか、そうじゃないのかだと、人間そのものがまったくちがう仕上がりになるのとおなじです」

不健康な発酵は、お酒になったときにも顕著にあらわれてしまいます。

「酵母がよい発酵をしてくれないと、どこかが不完全で、酒質に問題が出てしまいます。心地よくない異臭を意味するオフフレーバーを出したり、保存に耐えられない腰がよわい酒になったり。そんなふうになる責任は、酵母の働きを活かしきれなかったつくり手にあります」

酵母の働きを活かすためには、ただたんにざっくりと、原料を3回に分けて発酵すればいいわけではありません。3段仕込みには、まだ奥がある。

「配合ですよ、配合。添仲留に入れる麹、蒸米、水などの量やそれぞれの品温など、あらゆる配合をどうするかが肝なんです。配合は、その日の気候や年ごとの酒米の状態、使う酵母によってもちがいますし、3段仕込みに関わる要素をどうきびしく配合できるかで、酵母の活動が変わってきます。もろみの完成度はものすごく変わってくるんですよ」

どの酒蔵も、3段仕込みという行為は一緒でも、配合の中身はまったくちがい、おなじレシピはないのです。

「3段仕込みの配合を細かく考えるのか、大雑把にやるかで、つくり手の資質も問われると思います。配合をきっちりやれば、ちゃんと酵母の働きを活かしてあげられますし、よい発酵へ導くための、温度コントロールはだいたいうまくできます」

理想の配合をつくるためには、もろみづくりの経験を、地道に積み重ねるしかありません。

「僕が不器用だからかもしれないですが、納得する3段仕込みの配合をつくるのに、8年くらいかかったんですよ。とくにうちの酒みたいに、冷たくして飲むきれいめタイプの日本酒は、些細な配合のちがいが味に影響しやすいので、バランスのいい配合を考えるのがむずかしかったですね」

最初からわかっている成功事例は、存在しませんでした。

「目玉焼きの上手な焼きかたを知識として知っても、実際にやってみるとすぐにうまくできることなどないように、３段仕込みの配合は、真剣にやればやるほど、経験して自分の頭で考えに考えるしか、いい方法は見つからないと思い知らされます」

ところで、３段仕込みを経たもろみが、枝わかれするように岐路に立たされる瞬間がある。それが、アルコール添加、通称「アル添」と呼ばれる技法です。

アル添とは、主に糖蜜を蒸留した「醸造用アルコール」という約95%のエチルアルコールを30%まで水で薄め、３段仕込みを終えた、もろみをしぼる直前に添加する方法のことです。もろみにアルコールを添加することで、香りを引き出し、味わいをスッキリさせ、保存の際に劣化を防ぐ効果があります。

この方法の端緒は江戸時代初期に誕生した、酒粕を蒸留した焼酎を添加する「柱焼酎」にあり、戦中戦後の米不足のときに、お酒を増量するために行われていた方法とも、近しいものがあります（Ｐ２７６。現在、添加していい醸造用アルコールは、本醸造以上の日本酒の場合、もろみ１０００kgに対して総アルコールで１１６ℓまでと厳格に法律で決められています）。

普通酒や本醸造、吟醸酒、大吟醸酒など、純米とつかない日本酒が、アル添をしているお酒なのですが、もろみにアルコールを添加するということは、意図的に酵母を死に至らせ、発酵を停止することであり（正確には完全に発酵が止まっているわけではない）なかなかむずかしい方法です。

酵母が生まれて死ぬまでの秩序に、ある意味、つくる人が逆らって手を下す方法がアル添なので、酵母の活動を見極めながら、ここぞというタイミングで行わなくてはなりません。アル添が失敗してしまえば、せっかくつくったお酒が、ぜんぶ台無しになることもあるのでしょうか。

「上手にアル添するためには、テクニックが必要です。添加するタイミングがよくなければ、酒質に悪影響が出てしまいますから。でも、それだけが直結して酒が悪くなるかと言ったらそうじゃない。単純に、アル添が下手だからこういう酒になりました、とはならないものです」

アル添までの工程を、いかに緻密に行うことができるのかが、もっとも大切でした。

「アル添の技術論を語る以前に、ほかの工程に気をつかっていなければ、そもそもいい酒にはなりません。アル添だけがんばって技術を発揮しても、まったく意味ないですから。怖いのは、すべての工程のどこかで問題があった悪い部分が、アル添をすることによってひょっこり出てくる場合があるんですよ」

問題がある悪い部分が出てくると、飲んだときに頭痛をもたらす、アセトアルデヒドのもとになる、木香様臭（きがようしゅう）がお酒についてしまいます。

「米をちゃんと洗ってなかったり、麹がよくなかったり、もろみの発酵が未熟だったりする部分は、アル添でほとんどバレちゃいますね」

アル添は、かぐわしい香りを出したり、保存性を高めるメリットはありますが、七難隠すどころか七難をあらわにしてしまいます。これまでの工程をどう積み重ねてきたのか、もろみづくりまで明るみ出なかったことも、すべて。

もろみには、つくる人の手の内がすべて詰まっているのです。

しぼる。そしてそのあと 上槽から濾過まで ◎「寫樂」

教えてくれた人 福島県「寫樂（しゃらく）」蔵元・杜氏の宮森義弘さん

洗練されたうつくしい甘みが特徴の日本酒です。いつどこで飲んでもおいしい、品質の高さも特筆したい。日本酒が避けて通れない劣化という特性を言い訳にせず、蔵元はおいしい日本酒をつくるために情熱を燃やす。筆者と蔵元は語り出したら止まらなくなり、ときにかんかんがくがくの議論を交わすことも。蔵元は、筆者に日本酒の品質について最初に教えてくれた人です。

ここまでは長い道のりでした。

本章で読んでいただいた通り、日本酒づくりはなにごとも気がぬけません。細部にわたって、つくり手の工夫は終わることがなく、想像すると立ちくらみがしそうになります。とにもかくにも、お酒になるまでがなんと長いことか。

ですから、発酵しているもろみが完成すれば、いっちょうあがり！　の心境になる。無事にお酒になったのだから、もう安心だと脱力していたい。

ところが、まだまだ息つくことが許されないところが、日本酒づくりの真の髄です。

宮森義弘さんが手がける、「寫樂」のつくりかたを知れば、それがわかるのではないでしょうか。

宮森さんには、「100人がいたら100人がおいしい日本酒をつくる」という無謀な（失礼）座右の銘があるのですが、「100人がおいしい日本酒」は、味だけではなく、〝いつどこで飲んでも〟おいしいという意味も内包しています。

数年前に、宮森さんとある居酒屋で一緒に飲んだときのことでした。品書きにあった「寫樂」を注文した宮森さんは、ものすごく真剣な顔つきでお酒を口にふくみ、「うーん、ぜんぜんだめだ」と渋い顔でつぶやきます。

なにがだめなのだろう。気になった私はつづけてお酒を口にふくみます。たしかに、私が今まで飲んだ数々の「寫樂」とくらべると、飛びぬけてベストな状態ではありませんでしたが、とくに問題があるとも思えませんでした。お世辞ではなく、じゅうぶんおいしかったのです。

やんわり反論する私に、宮森さんはこう返します。

「最高にベストな状態で飲んでもらえるよう、流通まで計算して酒づくりをしないと、だめでしょう。だからこの程度の味で満足するような酒蔵じゃ絶対にだめ。寫樂は、いつどこで飲んでも最高においしい味じゃなきゃだめです」

そう〝だめ〟を念押しするばかりで、私のやわな反論はビシバシ突っ返されてしまいました。

つまり、完成した日本酒が蔵を出てあらゆる場所に運ばれ、たとえつくり手が予想できないところをかいくぐったとしても、あなたの口に入る「寫樂」は、絶対においしい味じゃなければいけないということを、宮森さんは言っているのです。

誰もがおいしいと思う味をつくることだって無謀な挑戦なのに、〝いつどこで飲んでも〟をつけ足すとは……。私は返す言葉がなかなか見つかりません。

なぜなら、流通を考えた場合、日本酒ほど不利なお酒はないからです。

日本酒は他のお酒にくらべて、高温多湿や紫外線、揺れによわく、開封したあとの味が変化しやすい特性を持っています。

角が取れて丸くなったり口当たりがなめらかになったり、前向きな変化であればいいのですが、変化は劣化につながることもあります。甘みやうまみが熟しすぎたり、華やかだった香りがなくなるなど、せっかくのよい個性がしぼんでしまうことだってあります。

日本酒の品質はどんどんよくなっていますし、時間が経過しても、味がだれたり崩れたりすることは減ったと感じていますが、今でも他のお酒にくらべたら、不利な特性を持っていることに変わりはないのです。

長期熟成をするためにつくった日本酒や、燗酒で飲むタイプの日本酒は、寝かせておいしくなることもあるので、品質の変化を歓迎する場合もあります。でも、冷たくして飲むタイプの日本酒を、おいしいまま流通させたいと願うと、めっちゃ不利な状況になります。

クール宅急便などの低温宅配便で、酒蔵から各地にお酒を輸送できるようになったことで、むかしよりも日本酒の品質は保たれるようになりましたが、つくり手が理想とする完璧な状態で、いつも飲めるとはかぎらないんです、残念ながら。

どうやっても、すべてのお酒の品質を酒蔵が管理し、流通を把握することなどできないからです。

うっかり日付が古いものを、店頭に並べている酒屋さんがいるかもしれないし、開封してからかなり時間が経ったものを、居酒屋の人がそそぐかもしれない。買ってくれたお客さんがいいお酒だからと、もったいぶってなかなか飲まなかったために、飲み頃を過ぎてしまうこともあります。

蔵元からしたら、どこをどのように経由して管理されるかなんて、まったく予測がつかないし、調整することなどできないのです。

日本酒が酒蔵から放たれれば、可愛い子には旅をさせよ、とか、あとは野となれ山となれくらいの気構えでなければ、不安でたまらなくなるかもしれません。

でも、流通上で不利になる日本酒の特性を言い訳にせず、常においしく飲んでもらうことを諦めないのが、宮森さんがつくる「寫樂」であり、おいしい日本酒をつくっている酒蔵の特徴です。

いつどこで飲んでもおいしい味を諦めないためには、もろみづくりのあとの仕事こそが、もっとも大切でした。

「酒を瓶に詰めて貯蔵する最後の工程から逆算して、技術を上げていかないと日本酒の味はよくなりません。もちろん、もろみづくりまでの工程もすごく大事な部分だけれど、そこの技術を上げるのって俺から言わせれば簡単だし、ふつうのことです。それよりも、もろみをどうしぼって管理するのかが大切だし、酒蔵の腕の見せどころでもあります。どんなにいい酒をつくっても、最後の作業を怠けると、流通したときに味が悪くなるのは目に見えているんですよ」

宮森さんは10年以上前から、もろみをつくってからの工程の重要性に気がつき、流通を見据えた日本酒づくりに力を入れてきたと言います。もろみをしぼってから瓶詰めするまでは、鮮魚の扱いに近いと教えてくれました。

「釣った魚をそのまま放置すれば、どんどん鮮度が落ちていくのと一緒で、出来上がったもろみも雑に扱えば、時間の経過とともに味は落ちていきます。せっかくいい魚を釣り上げたとしても、釣った後にちゃんと締めるとか、冷蔵あるいは冷凍するかなど、釣り上げた後の仕事をきちんとやらなければ、台無しになるのとおなじですよね。日本酒づくりも、もろみをつくっておしまいじゃなくて、つくった後にどう仕事をするかで、お客さんが飲んだときにおいしいと思ってくれるのか、そうじゃないのか、明暗がはっきりわかれます」

そういえば、日本酒の愛好家の中には、訪れた酒蔵で飲むしぼりたて（もろみをしぼったばかりの日本酒）がいちばんおいしいと言っている人がいますが、よく考えると〝酒蔵で飲むのがいちばんおいしい〟とは、決して褒め言葉ではない気がしました。

酒蔵でしぼりたてが飲めるなんてありがたいですし、格別な味がするでしょう。おいしいと感じるのは、まちがいではないと思います。私もしぼりたてを飲んだ経験がありますが、酒蔵で飲んでいる、という高揚感はたまらないものがありました。しぼったばかりのお酒は、ピチピチと口のなかで弾けるようなガス感あるので、体中にお酒の生命が駆け巡るような、すがすがしいおいしさもありました。

しかし、本来は、酒屋さんで買って飲んだとき、居酒屋で注文したときにいちばんおいしい状態でなければ、商品として本末転倒ではないでしょうか。

酒蔵で飲むしぼりたてが、おいしさのピークではいけないのです。

もろみをつくってからが、ほんとうの千秋楽。ここいちばんの勝負どころなのです。

まずは、上槽（じょうそう）と呼ぶ、もろみをしぼる工程からはじまります。

上槽とひとことに言ってもいろいろあり、手当たり次第にむぎゅーっとしぼるのではなく、方法によって数時間から数日かけて、もろみからお酒を丁寧に抽出します。

ひとつは、槽（ふね）という箱型の容れ物を使う、槽しぼりがあげられます。

長方形の布袋のなかにもろみをたっぷりそそぎ、口をしばったら、槽のなかに隙間なく重ねて並べ、上からすこしずつ、蓋のようなもので圧力を加えてしぼる方法です（しぼってからでてくるお酒の順番によって呼び名があり、はじめは荒っぽい「あらばしり」、つづいてはうまみが凝縮した「中垂れ・中取り」、最後はドライでシャープな「責め」などがあります。これらはブレンドするか、それぞれを分けて瓶詰めします）。

また、主に大吟醸やコンテストなどに出品する、希少なお酒をしぼるときは、斗瓶取りあるいは袋吊りと呼ぶ方法も採用します。これは、もろみを入れた長方形の布袋をいくつかタンクの上から吊るし、自然に滴り落ちてきたお酒を得ることができる方法です。負荷を一切かけずにゆっくりとしぼるため、雑味がすくない、濃縮したとろみのある味になるのが特徴です（稀なものだと、木槽天秤しぼりという、しぼりかたもあります。途中までは槽しぼりとおなじで、槽のなかにもろみを入れた布袋を重ねて圧をかけるのですが、一本の巨木と石を使い、テコの原理でしぼる、原始的すぎる方法です）。

そして、もっとも一般的なのが、通称「ヤブタ」（藪田産業の製品が圧倒的シェアを誇るため）と呼んでいる、巨大なアコーディオンみたいな形をしている、自動圧搾機でしぼる方法です。

自動圧搾機は、大量のもろみをしぼることに適しているため、昭和時代から普通酒や本醸造酒、純米酒などの定番酒をしぼるときに広く使われています。

「寫樂」も大半のお酒を、自動圧搾機を使ってしぼっていますが、特筆すべきところはしぼる環境で、上槽する場所を寒くしています。部屋の温度はマイナス5℃。吐く息が白くなるほど、凍える環境で上槽するのです。

「むかしは室温にヤブタを置いていたのですが、しぼる過程でヤブタの濾過布の部分に、酒の残りや酒粕がたまって、よくない臭いの菌が繁殖してしまうこともありました。それが酒についてしまうんです」

よくない臭いとは、ゴムのような蒸れた臭いのことです。この臭いは、瓶詰めしてからもなかなか取れず、市場に出回り、開封してからも増殖し、まるで背後霊のようにずっとついてくる異臭です（この香りがすきな人もいますが私は苦手です）。

「ヤブタは効率よく最後までしっかりしぼれるところが利点ですが、濾過布の掃除が厄介です。掃除は徹底しているつもりでも、上槽がつづくときは雑菌が繁殖しやすく、ちょっとでも洗浄が甘いと変な臭いがついてしまう。ちゃんと洗ったとしても、雑菌がどこかにつく可能性は捨てられません。うちの蔵がつくりたい酒には、絶対にゴム臭をつけたくないので、しぼる機械ごと、冷凍庫レベルの温度で囲ったほうがいいと考えました」

それもこれも、お酒をおいしく流通させるために行われることでした。

「なにがなんでも冷やせばいいってものじゃないけど、お金とできる環境があって、冷酒タイプの酒をしぼるなら、上槽の部屋の温度は低いほうがいいと思います。よくない臭いがつかないだけではなく、鮮度を保つことができます」

（低い温度の部屋で上槽する酒蔵は、ほかにも多数。冷酒界で広まりつつあります）

しぼったお酒は「おり引き」と言って濁った沈殿物を取り除く作業をし、さらに透明にするために濾過（無濾過と書かれた日本酒はこれをしていない）をするのですが、ここにもおいしさを保つための工夫が必要です。

たとえば「寫樂」では、しぼったお酒が酸化することを防ぐため、すばやくSF濾過を行います。これは、濾過膜が0・45ミクロンの、ものすごく目の細かい濾過機にお酒を通す方法で、酒質を劣化させる雑菌を除去できます。しかも、しぼったお酒の味わいは崩れず、酒質を保つことができるのだと言います。

かつては、活性炭という炭を使った濾過が、時間とともに黄色くなる日本酒の着色や、雑味成分を除去できる方法として一般的でした。

「むかしは、酒が劣化しやすい室温で上槽していましたし、しぼったものを別のタンクにしばらく貯めておくことが多かったので、酒の色が黄色くなり、酸化もしてしまいます。臭いがきつくて喉ごしがよくない、飲みにくい酒になってしまいがちでした。だから、活性炭を使ったのです」

ところが、活性炭を使いすぎると、味がすっからかんになり、墨汁のような炭臭(すみしゅう)が出てしまいます。雑味を取ることができても、おいしさにはつながりません。

「完成した酒がよくなくても、炭を使えばましな味になるので、炭さえ使えばしぼったあとの工程はなんとかなる、みたいな感覚はあったと思います。脱臭と一緒で、ある程度はなかったことにできますから。でも、そんなことをしてもおいしくならないですし、飲む人はごまかせないですよ。もちろん微量の炭を使うのは、製法上で問題はないので悪くはありませんが、酒の味を崩すので、うちではやりません」

そもそもおいしいお酒をつくれば、過剰な濾過は必要ない、というのが、昨今のつくり手の考えだと思います。

いくら手をかけても、本来の味を損なうような濾過で、お酒から中身を取りのぞくことはしないのです。

「むかしから酒蔵はよく『酒は生き物』ってかっこよく言っていたけど、かっこよく言っているわりには、鮮魚とおなじように、生食の扱いをしていなかったのが、これまでの日本酒づくりです。杜氏の重要な仕事は、もろみの管理までだったのではないでしょうか。でも、日本酒が生き物というからには、お尻まで責任を持ってつくらないと。お客さんの口に入る最後までを考えて、できるかぎりおいしく飲んでもらう努力をするのは、酒蔵として当然のことです」

もろみづくりの後に、千秋楽が成功し、無事に終わったかどうかがわかるのは、まだ先のことです。

お酒のもうひとつの顔 仕込み水◎「開運」

教えてくれた人 静岡県「開運」蔵元の土井弥市さん

コクがある上品な甘みとキレ味が特徴で、都会的なのにどこか懐かしさも同居している味わいです。今の「開運」の味をつくりあげた会長の土井清愰さんと、名杜氏として名を馳せた故・波瀬正吉さんの後を継ぎ、蔵元は味わいを守りながら酒質を進化させています。日本酒っておいしいなあと、素直に思わせてくれるお酒です。

酒蔵によって、こうもちがうのかとおどろかされるのが、水の味です。
あるとき、酒屋さんが主催する日本酒の試飲会で、日本酒づくりに使う「仕込み水」と書かれた一升瓶を、いろいろと飲みくらべたことがあります。

ふんわりやわらかい味、かっちりシャープな味、淡くてすっきり軽い味など、銘柄によって水の味がバラバラなのにおどろきました。地域がちがえば、水の味もちがうのは当たり前だということは、頭ではわかっていました。でも、いっぺんに水のちがいを知ると、舌がびっくりして実感させられたのです。お酒だけじゃない。水にも個性があることを。

日本酒の成分の約80％は水だと言われています。たしかに、米を洗って浸したり、米を蒸すときや酒母をつくるときだけではなく、もろみをしぼって濾過をしたあとに、加水（かすい）と言って、アルコール度数を調整するときにも、水はたくさん使われます。水の成分はお酒に染み込んでいるにちがいありません。

水は日本酒のれっきとした原料であり、お酒のもうひとつの顔でもあります。だからこそ、良質な水は、おいしい日本酒をつくるためになくてはならない存在です。むかしは、いい水脈を探し当てることは、宝物を掘り起こすのとおなじくらい、価値があることでした。いい水とそうじゃない水を使って、日本酒をつくりくらべたとき、完成度にちがいがあったからです。

仕込む水によって、お酒の味に優劣がつくことが判明したのが１８４０年。兵庫県西宮市の海岸近くにある、地下水から汲み上げられた「宮水（みやみず）」と呼ぶ水が、発見されたのがきっかけです。

この水は日本のなかでは硬水の部類に入り、もろみの発酵を助けるカリウムやリン、カルシウムなどが豊富でした。鉄やマンガンなど、お酒を濁らせて赤くしたり、異臭や劣化をもたらす成分もほとんどふくまれていません。

浄水の技術が発達していなかった頃は、場所によっては日本酒づくりに向かない水もあったのでしょう。当時は、日本酒を仕込むのにどこよりも最適な水として、多くの酒蔵が「宮水」を求めて西宮市にやってきたと言います。

「開運」の蔵元である土井弥市さんは、「宮水」についてこう言っています。

「硬水のほうが発酵力は旺盛なので、むかしは軟水を使うよりも、発酵しやすい宮水が重宝されたのではないでしょうか」

しかし、現在は、事情が変わってきています。

「今は高度な浄水ができますし、硬水にしたければカルシウムを入れたりして加工することも可能です。酒造技術も上がっているので、きちんと浄水した水ならば、ぶっちゃけ、どんな水でも日本酒はおいしくつくれるんですよ。もちろん、いい水を使わなければ、いい酒にならないのは確かなことなので、今でも良質な水源を確保することは、酒蔵にとって重要な仕事ではあります」

いい水、と言っても、天然の井戸水や地下水だけが最上ではありません。土井さんが言うように、今は高度な浄水ができる時代。水道水だって立派な仕込み水なのです。

「開運」でも、酒蔵から約2km離れたところにある水道水を使っていて、毎日、数回に分けて汲んだものが、仕込み水として活躍しています。水道水と言っても、山間部にある高天神城跡から湧いている名水であり、地元の人たちからは「長命水」と呼ばれ、親しまれている飲料水でもあります。

それにくらべて、環境汚染や災害などでいつ水質が変化するのか予測不能な、整備されていない天然水は、常にリスクと隣り合わせです。水量が安定しないこともあります。

いまだに酒蔵の敷地内から地下水がこんこんと湧いて、水には困ったことがないと話す蔵元もいる一方で、徐々に水質が悪化したり、水源が枯渇するなどして、仕込み水に使えなくなった、という酒蔵も多いのです。

とはいえ、土井さんは言っています。

「酒蔵の敷地内に豊富な水があるって、うらやましいですよ。天然水が使えるならば、そうしたいくらいです。天然水は自分たちで水を管理したり、細かく水質検査をするのは手間がかかりますが、なんたってタダなんですから（笑）」

水道水を使うと、どれくらい費用がかかるものなのでしょうか。

「(小声で) 1ヶ月で40万以上です。最低でもこのくらいはかかりますし、場合によってはそれ以上のときもあります」

そんなに、とおどろいてしまうのですが、酒蔵では日本酒を仕込むときだけではなく、道具を洗う、床や壁を洗うなど、あらゆる洗浄にも水を大量に使っています。

節水という言葉とは無縁だと思うくらい、日本酒づくりでは、水をたくさん使うことが前提になっています。酒蔵は常に水で洗浄し、清潔に保たれていなければ、雑菌が繁殖する原因になります。水はケチってなどいられないのです。

「うちの蔵にも井戸水があるのですが、量が足りないのと、若干、青臭い匂いがして粘性がある水質なので、道具を洗ったり清掃に使う程度です。悪い水ではないんですが、開運の仕込み水には向かないんですよ」

仕込み水に向かないということは、水の味は、やはり酒質におおきな影響を与えるのでしょう。しかし、土井さんはうーんと首をかしげます。

「水は発酵に影響を与えるので、先ほど話した宮水のように硬水だと発酵力がつよくて、骨太な辛口になりやすい、ということはあります。でも、影響がまったくないわけじゃないですが、酒質にいちばん影響を与えるのは、水じゃないですね。米や酵母などの成分のほうが、酒質には出やすいです。水の味がそのまま酒に出てくることはすくなくて、それが明確にわかる人間はほぼいないと思います」

よい水を使うことは大前提ですが、それよりも、

「水の味というよりも、重要なのは酒に加える水の量だと思います」

つまり、加水という工程のことです。もろみをしぼったあとにおり引き、濾過したものにどれだけ加水するかで、お酒の味が決まるのだと言います。

「加水を丁寧にやらないと、酒の味が崩れてバラバラになってしまいます。酒が割れるって言っているのですが。僕からすると、割れた酒は飲んですぐにわかりますね。そういう酒を飲むと加水が下手だなあって思う（笑）。それくらい、加水の量というのはまちがえると、酒の味をよくないほうに変えてしまうんです。うちの蔵では、タンクごとに加水の量が微妙にちがっていて、最終的には柄杓1杯2杯の世界で調整するものです」

「開運」では、濾過が終わったタンクから100㎖ずつ猪口に、水を加える前の原酒（土井酒造では本醸造がアルコール度数19％、純米酒などが17％）を入れて、ピペット（液体を正確に移すためのガラス管）ですこしずつ水を加え、毎回、唎き酒をしながら加水の数値（量）を決めていきます。

「酒蔵のなかには、うちのようにその都度、唎き酒をしてちょうどよい量の水を加えるのではなく、あらかじめ決めてある数値をもとに、加水をするところもあるかもしれません。け

れど、最初から数値を決めてかかると、理想通りの味に仕上がらないことも多いと思います。酒はいつも一定の味に仕上がるとは限らないからです。加水で酒の味が薄くなってしまったときが困りもので、後戻りはできません。微量の差でも水の量によって味が変わってしまうので、加水はほんとうにむずかしい」

いくら日本酒の80％が水だと言っても、もろみの発酵に向く良質な水と、たくさんの水量を確保できるだけでは、おいしい日本酒にはならないのです。

土井さんが教えてくれた「水の味よりも加える水の量が大切」という話を聞いていると、水も米とおなじく、どのつくり手に導かれるかで、おいしい日本酒の一員になるか、そうならないか、運命がわかれるのではないでしょうか。

ところで、水のことをずっと考えていたら、私は勝手にあらぬことを妄想してしまいました。

もしも、水が枯れてしまったら。

水が豊富な日本では、これからも水が枯れることはないかもしれませんが、そんな保証は誰ができるというのでしょうか。地球がこれからもずっと変わらないなんて、誰にもわからないし、未来は予測できないでしょう。

妙に深刻な話になってしまいましたが、きっと水が枯渇したら日本酒はつくれないと思います。そう仮定すると、日本酒づくりのそばに、いつもさりげなく横たわっている水は、なんてありがたい存在なのでしょうか。

酒蔵にはいつも、あふれるほどの水が満たされていることに、私は静かに手を合わせたくなってしまいます。

鮮度を保つために 火入れ ◎「萩の鶴」「寫樂」

教えてくれた人 宮城県「萩の鶴」蔵元の佐藤曜平さん

メガネがトレードマークの（メガネ専用の純米酒もつくっている）蔵元がつくるのは、洗いたてのシャツのような清潔感がある、うまみがキュートな日本酒です。とくに、加熱殺菌した火入れのお酒をおすすめしたい。つまみとともにいつまでも飲みたくなる味わいです。蔵元は自社のお酒づくりを、「潔癖オタク醸造」と呼ぶ。鮮度がいい日本酒をつくることができるよう、気を遣いすぎるくらい衛生管理を徹底し、技術の研究に余念がない蔵元です。

教えてくれた人

福島県「寫樂」蔵元・杜氏の宮森義弘さん

「生」とは、ずいぶん魔法がかった言葉だと思いませんか。

みなさん、「生」がすきですよね。

生ビール、生野菜、生肉、生牡蠣、生チョコ、生カステラなど、「生」がつくものは、魅力的な響きがありますし、新鮮でおいしそうな匂いがします。

私も、ビールよりも生ビール、野菜よりも生野菜と書かれた品書きのほうに、惹かれてしまいます。中身の質はさておいても、つい興味をそそられてしまうのが、「生」という言葉の魔力なのではないでしょうか。

日本酒にも「生」があります。生のお酒、生酒と呼んでいますが、これは、お酒を濾過して加水したあとに行う、火入れ（65〜70℃くらいの熱を加える）という加熱殺菌をしない日本酒のことを呼んでいます。

生酒は、人間でいうすっぴん状態。むきだし無防備な、お酒の素顔みたいなものです。言葉にすると、生酒はずいぶん新鮮な響きがしますよね。生ビールと生酒をおなじようにとらえている人も、ずいぶん多いのではないでしょうか。

でも、これだけは、はっきりと言わせてください。

生酒は、ほとんどの場合、格段に鮮度のよさをたのしめるお酒ではありません。飲む人の口に入るまでに、どこを流通してきたのか、どう管理されてきたのか。飲むまでにかかった時間によっても、鮮度がおおきく左右されるからです。

生酒は、火入れしたお酒よりもずっと熟成が進みやすく、時間が経つにつれて味は重たくなり、香りは枯れてしまい、加齢が止まらなくなります。

開封しなくても熟成は進み、開封してからはもっと味わいが様変わりし、20代前半の女子が、あっという間に、おばあさんになってしまうような変化が、待ち受けている場合もあります。玉手箱をあけた途端に、おじいさんになってしまった浦島太郎の姿とも重なります。

「萩の鶴」をつくる佐藤曜平さんも、こう言っています。

「生酒は、麹菌によってつくられる糖化酵素がたくさん残っている状態なので、酒のなかで糖化がつづき、糖は供給されていきます。ところが、それを栄養にする酵母は、酒をしぼったときに酒粕に移ってしまうので、必然的に酒は糖分だけが増えてどんどん甘くなってしまいます。生ヒネと言って、焦げたような香りになり、甘みがくどくなるので味がだれる原因にもなります。酒はしぼったときから熟成が進む性質を持っているので、なにもしなければ、フレッシュな味を長期間、保つことは到底できないのです」

仮に、しぼってすぐに瓶詰めしたものをただちに飲めるなら、そのお酒は新鮮だと言ってもいいと思いますが、そんなことができる機会は、なかなかないですよね（立春朝搾りという、2月4日の立春の朝にしぼった日本酒を酒蔵で販売する催しは毎年あるので、興味があればぜひ酒屋さんで買って飲んでみてください。ただし、2月4日から時間が経ってしまうとしぼりたての意味はありませんが）。

最近、しぼったばかりの生酒を、リキッドフリー方式という技術で瞬間冷凍し、フレッシュな味わいを損なわず飲めるお酒を発売した酒蔵がありますが、この生酒を一般的に飲めるようになるまでは、まだ時間がかかりそうです。

生酒を、鮮度がいい状態で飲んでもらうためには、そうまでしてつくり手が試行錯誤しないといけないのです。

ところが、いまだに世間では「生」という言葉の魔力も手伝って、生酒＝新鮮と思っている人が多いのが、私としては複雑な気持ちです。

なにも、生酒ファンを否定したいとか、生酒を飲むのが悪いと言っているのではありません。嗜好について議論したいのではなく、これはあくまでも鮮度の話。生酒がいつでも新鮮だと思われるのが、もどかしいのです。

かつては、生酒じたいを販売することが不可能で、火入れ酒よりも生酒のほうが、新鮮だったのかもしれませんが、それは、火入れが単純にお酒を腐らせないためだったり、日持ちをさせるために行われていた時代の話です。

火入れという手法は歴史がある技術で、その基盤は室町時代の末期に生まれました。

フランスの細菌学者であるルイ・パスツールという人が、19世紀後半にワインの低温殺菌法を発明したのですが、日本では約300年前から、低温殺菌法とおなじような火入れ法の基礎が、すでに生み出されていたのです。

火入れが誕生した時代は、精米や洗米、麹づくりなどほとんどの技術が未発達で、冷蔵設備などなく、日本酒づくりが科学的に解明されていなかった頃です。多くは、なりゆき任せでつくっていたために、日本酒はとても腐りやすいものでした。

お酒をしぼったままほったらかしておくと、「火落ち菌」という雑菌が繁殖しやすく、味が著しく落ちてダメになってしまい、最悪はぜんぶ腐ってしまうこともありました。

ふしぎなことに火落ち菌は、ほかの雑菌にくらべて格段にアルコール耐性がつよく、お酒のなかに入ると増殖をはじめる、お酒が大好物な困った生きものです。その火落ち菌を殺菌し、腐らせることを防いで貯蔵を可能にしたのが、火入れという技術です。

とにかくお酒が腐らないように、4回でも6回でも火入れをしたのが、むかしの日本酒づくりです。火入れの技術が未熟だったために、なんども加熱殺菌をする必要がありました。

時代が進み、酒蔵の設備や酒造技術が向上した昭和になると、火入れの工程は2回に落ち着きます。しぼったお酒を濾過して加水し、アルコール分を調整したあと（原酒は加水しないので濾過のあと）、瓶詰めする前か瓶詰めしたあとに火入れをします。

それでも、まだ当時の火入れは、安全にお酒を貯蔵するための意味合いがつよく、つくり手側の効率も考慮して行われていました。

「むかしは、つくった酒を別のタンクに貯めて、生酒のままずっと取っておき、酒づくりに使う米をぜんぶ蒸し終える〝甑倒し〟が終わった後に、火入れをする蔵が多かったと思います。小さい酒蔵の場合、米を蒸す釜で湯を沸かして火入れをしていたので、甑倒しが終わらないと、火入れができなかったんです。酒づくりが終わったあと、杜氏や蔵人が里帰りをして田植えを終えた5月くらいに、杜氏や蔵人が一時、酒蔵に戻ってきて、ようやく火入れをする酒蔵もありました。そうすれば、半年も生酒のまま放置することになり、しぼったばかりの味とはだいぶちがったものになります」

火入れをしたあとも、そのまま常温で置いておけば、味わいはどんどん変化していきます。

「むかしは、湯を沸かしたおおきい釜に、お酒を通したらせん状の蛇管というものを浸けて火入れをし（蛇管を使うのは今でも一般的です）、火入れした酒は、さらにおおきいタンクに移して、次々に貯めていきました。そうすると、クーラーもないところであったかい酒がタンクに貯まり、常温に戻るまでは数ヶ月かかります。酒は激しく熟成して、色も茶色くなります。熟成させることを前提につくった酒以外は、ただたんに劣化することも多かったのではないでしょうか」

（だからこそ、お酒によっては、活性炭という炭を入れる炭濾過（P186）で色や雑味を取り、甘くて重い味をスッキリさせる必要がありました）

それから、2回目の火入れを行い、ふたたびお酒を寝かせるのです。

お酒を寝かせるのは、こんな理由もあるのではないかと、佐藤さんは推測しています。

「かつて多くの酒蔵は、米をひと粒たりとも無駄にせず、大事なお米を限界までアルコールに変える日本酒づくりが本流でした。なので、原料からいかにアルコールをたくさん得るかが第一だったので、酵母が死にはじめても（酵母は自らつくったアルコールで死ぬ性質をもつ）発酵を意図的につづけさせ、糖分を極限までアルコールに変える方法で、酒をつくっていたのです」

そうすると、アルコールはたくさん得ることができても、お酒の味によくない影響を与えてしまうことがあります。

「無理な発酵をさせてしまうと雑味が出てしまいますし、高アルコールを得ることによって酵母が死んだときに出る、死滅臭というよくない香りもついてしまいます。酵母は糖分を食いきってしまうので、糖の甘みもすくなく、つくってすぐは、とても飲めるようなものではなかったと思います。そのために熟成が必要だったのではないでしょうか（現代は、低アルコールで酵母を死滅させないつくりかたをしている酒蔵が多いとのこと）」

ちなみに「ひやおろし」という、秋口に出荷する日本酒があるのですが、ひやおろしは、1回火入れのあと、次の火入れをせずに「冷や（むかしは常温のお酒を冷やと呼んだ）の状態でタンクからおろす」ことから名づけられたお酒です。冬につくった新酒を寝かせて、うまみが乗ってきた秋口に出荷する季節の日本酒、というのがうたい文句でもあります。

こういう季節商品は、火入れしたお酒をタンクに貯めて寝かせていたからこそ、生まれた商品だと思います。火入れした熱いお酒が常温に戻るのは、佐藤さんが言っているように数ヶ月かかり、熱が冷めて味がこなれる時期が、まさに秋口だったからです。

そして、2回火入れが定番だったなか、おそらく昭和時代に登場したのが、加熱殺菌を一切しない生酒です。当時に誕生した、電気冷蔵庫やクール宅急便の普及も相まって、生酒は鮮度がよいお酒として一気に注目を集めました。当時の生酒は、むかしの方法で火入れをした日本酒にくらべて、新鮮な味だったのだと思います。

火入れをしているのに、なぜかいまだに、生のままタンクや瓶で貯蔵してから火入れした日本酒を「生貯蔵酒」、貯蔵する前に1回火入れをしただけのものを「生詰」と呼んでいるのも、「生」とつけたほうが売れた時代の名残も、すこしはあるのかもしれません。あくまでも私の勝手な想像なのですが、「生」という言葉は、日本酒を売るためのツールにもなったのではないでしょうか。

けれども、くり返しますが、今の生酒は、格段に鮮度をたのしめるお酒というわけではありません。

つくっている人には申し訳ないのですが、夏の生酒（くどいですが生貯蔵や生詰は火入れした日本酒です）だけはいただけませんね。日本酒を飲み慣れない人には、なおさらおすすめしたくないです。

高温多湿と紫外線によわい性質を持つ日本酒の味が、もっともへたるのが、夏だからです。さんざん日本酒を飲んできた私ですら、夏の暑い時期に生酒を飲み、生ヒネした味にがっかりして、何度、うなだれたことか。

生ヒネは、蒸れたような焦げっぽい香りが特徴なのですが、熟成古酒にすると複雑な味わいとして、前向きな個性になるときもあります。しかし、冷酒で中途半端に生ヒネが発生すると、飲み込むのを嫌がる喉に緊張が走り、眉間にシワがよる私。アサリの砂を不意に、ジャリっと噛んでしまったときの不快感に近いものがあります。

生ヒネがすきだという人もいるので、夏の生酒（通常にある生酒も）を飲むことを否定はしませんが、「生」を生鮮品とおなじ感覚で手に取ると、予想の味とはちがう場合が多いのではないかと心配になります。

ですから、とくに冷酒タイプの日本酒で鮮度を求めるなら、今は、しぼってすぐに1回火入れをし、貯蔵した生詰をおすすめしたいですね。

なぜなら、火入れの技術がものすごく進化したからです。

佐藤さんは、はっきり言葉にします。

「つくった酒を生かすも殺すも火入れ次第です」

そこまで言い切れるのですか？

「はい、もちろん。火入れは、生まれたばかりの新酒に第2の命を吹き込む大切な仕事です。フレッシュ感を保ち、お酒のその後の運命を決定する、重大な工程でもあります。お客さまのなかには、今でも火入れは生酒に劣り、鮮度が悪いというイメージを持つ方が多いのですが、それはちがいます。きちんと火入れした日本酒ならば、今は生酒よりもフレッシュなものが多いのではないでしょうか」

きちんとした火入れとは、どのようなものなのでしょうか。

「僕はプレミアム火入れと呼んでいるのですが、しぼっており引きせずに、最低限のフィルター濾過をして3日以内に火入れをし、急速に冷やす方法です。すぐに冷やすことが肝なのですが、こうすることで、火落ち菌を殺菌し、甘みを増やす麹の糖化酵素を失活させながらも、つくったばかりに近い味わいを保つことができます」

佐藤さんの酒蔵では、3種類の方法で火入れをしていると言います。

ひとつは、瓶詰めしたお酒を、冷水にドボンとつけてから湯を沸かし、65℃くらいの湯で加熱したあと、冷水シャワーで急速に冷却する方法。

もうひとつは、プレートヒーターという加熱装置で火入れをし、おなじく冷水シャワーで急速に冷やす方法。

そして、最後は、加熱と冷却を一気にできる、パストライザーという機械を使った方法です。瓶詰めした生酒を、温水シャワーによって加熱し、そのまますぐに冷水シャワーで冷却できるという優れものです。

「金額の下世話な話になりますが、パストライザーは工事費込みで2500万しました。火入れがそんなに大切じゃなければ、こんな機械いらないですし、高級車も乗れますよ（笑）。（小声で）まあ、たのしいからいいんですけどね」

お金がかかるだけではありませんでした。

「しぼってから短期間で火入れをしていると、もう忙しすぎます。酒づくりは毎日いろいろな工程を同時進行するので、うちのような火入れをしていたら仕事は増えるばかりです。でも、今は酒蔵同士のなかで、フレッシュに酒を保つ競争が過熱していて、火入れの世界はすごいことになっていますよ」

もろみづくりのあとの仕事を、鮮魚にたとえて教えてくれた（P182）「寫樂」の蔵元である宮森義弘さんが、何年も前に取り入れた火入れの方法も、お酒の鮮度を保つことができる方法でした。

「うちの蔵では熱交換式火入れを採用していますが、そもそも、加熱殺菌するために、水を温めるコスト（エネルギー消費）がかからないように考えた方法です。これは、熱交換ができるプレートを利用するのですが、冷たい状態から60℃超えまで、水の温度を上げるときの熱量を酒に転換し、火入れができるものです。つまり、熱交換器は、2つの液体を混ぜることなく、加熱と冷却を同時に行うことができるんです」

しぼってから火入れまでのスピードが尋常ではないのが、「寫樂」の火入れの特徴でもあります。

「仮に夕方、酒をしぼったらフィルター濾過した0℃の水で加水し、翌朝には先ほど話した方法で火入れするのですが、上槽から火入れまでを1日以内に終わらせてしまうんです。寫樂の鮮度を保つためには、これくらいしないとだめです」

火入れは1度がいいのだと宮森さんは力説します。

「2回も火入れをしたら自分の思い通りの味には絶対にならないんです。火入れを1度して、また熱を加えたらせっかく残っていたいい香りや、フレッシュ感がなくなってしまいます」

「萩の鶴」でも火入れは1回のみ。今や通年出荷される冷酒タイプの定番酒は、1回火入れのお酒が主流になってきています。とはいえ、佐藤さんは補足します。

「うちの火入れが絶対の方法ではありません。試験的につくるものはのぞき、今の萩の鶴は熟成させないぞ、というスタンスで酒をつくっているので、忙しい火入れの方法を選びました。熟成させる燗酒タイプの日本酒をつくっている蔵元から見たら、異論はあると思います。実際に鋭く指摘されたことがありますから（笑）」

2回の火入れは、つくりたいお酒によっては、よい効果をもたらすこともあります。生酒のときのような過熟を防ぎながら、ゆるやかに熟成させることができるからです。

2回の加熱殺菌で熟成を早める糖化酵素がほどよく失活され、残った酵素やふたたび加熱するときの熱が、じっくり熟成を助けるのです。適度にこなれたまろやかな味わいのお酒や、うまみを生かした燗酒タイプの日本酒をつくるなら、2回火入れは有効な手段でもあります。

今後は、どんな酒質をつくりたいかで火入れの手法も、蔵によってさらに相反することも出てくるでしょう。

さて、火入れを終えたお酒は貯蔵をしますが、このときも、スピード感が大切だと宮森さんは教えてくれます。

「フレッシュ感を出すためには、火入れと急冷をしたら速攻で瓶詰めするのは、当然のことですよね。それからすぐに冷蔵庫で貯蔵することで、お酒が空気に触れることを最小限に防ぎ、鮮度を保ったまま出荷することが可能になります」

お酒を空気に触れさせないとは、いろんな容器を経由させないことにつながります。

「むかしみたいに、しぼったものを、おおきいタンクに貯めて火入れしたり、火入れした酒を別のタンクに入れて、しばらく貯蔵してから瓶詰めすれば、酒はなんども容器を移動して空気に触れることになります。そうすれば、空気中に浮遊している雑菌が付着する可能性を増やすことになりますし、釣り魚と一緒で、時間とともに鮮度は確実に落ちます。だったら、しぼった一発目のタンクぜんぶをすぐに火入れして、すぐに瓶詰め、すぐに冷蔵庫で貯蔵したほうがいいというのが、自分が考える日本酒づくりです」

かくして「寫樂」の場合、約3℃の冷蔵庫で1ヶ月ほど貯蔵をして、味わいを落ちつかせたあとに、いよいよ出荷することができます。

口開けしたばかりの「寫樂」は、すこし硬くて味わいがドライかもしれませんが、しばらく経つと空気に触れて味がこなれ、隠れていた甘みやうまみが鮮やかに浮き上がってきます。

時間が経っても、味わいの輪郭がシャンとしていて、酒質はみずみずしさを保ち、瓶の底までおいしく飲めると思います。

「萩の鶴」もおなじです。最初は、ほんのすこし苦みを含んだ、青年のような初々しい硬さがありますが、空気に触れて時間が経つとまろやかな味になり、喉ごしが気持ちいい。開封してから時間が経過しても、酒質はいつもきちんとしています。

火入れに力を入れる、佐藤さんの次のような志が、おいしい日本酒をつくっているのだと思いました。

「私が考えるおいしい冷酒をつくるなら、気合いや想いだけでは酒質は上がりません。どんなにお金がかかっても、いい酒をつくるためには、設備投資が必要なのです。たいへんですが……、お金をかけていい酒をつくったぶん、ちゃんと売れるんですよ。たとえばうちの場合は、プレミアム火入れを導入する前と後では、お客さんの反応が明らかにちがうんです。頑張っておいしい酒をつくれば、必ずお客さまが評価してくれると信じています」

お酒づくりのおわり 貯蔵 ◎「〆張鶴」

教えてくれた人 新潟県「〆張鶴」蔵元の宮尾佳明さん

ひとくち飲めば、いいお酒だなあ、とつい言葉が漏れてしまう、しみじみうまい日本酒の代表格。まろやかで穏やかなうまみが、心地よく体に沁みる味わいです。華美ではありませんが、飲んだ人の心に、灯火をそっとつけるような、あたたかさを与えてくれます。筆者のなかでは、〝甘えたくなる日本酒〟。いつまでも一緒にいたいと思わせるお酒です。

前のページでもすこし書いた、貯蔵について、さらに詳しく書きたいと思います。

酒米選びからはじまり、麹づくり、発酵、火入れなど、ここまでの工程は、お酒の骨格や個性をつくるための仕事でした。

そして、最後。出荷する前の貯蔵は、お酒の面影をつくる時間です。それぞれが持つお酒の個性に、どのような陰影をつけるのか。お酒に淡い輪郭のようなイメージをもたらすのは、貯蔵をどのように行うかによっても変わってくるのではないでしょうか。

それでは、最後の仕上げです。

もろみをしぼり、濾過、火入れをしたらお酒を瓶詰めします（瓶詰めしてから火入れをする酒蔵もある）。一部の限定酒などは手で詰める場合がありますが、ほとんどのお酒は機械で瓶に詰められます。ここでは、異物が混入しないように細心の注意をはらいながら、空気に触れないように瓶詰めを行い、迅速に栓をしてラベルを貼ります。

ところで、瓶はメーカーから購入する消毒済みの新瓶を洗浄したものか、リサイクルの瓶を入念に消毒し洗浄したものを使いますが、色はさまざまあります。もっとも一般的なのは茶瓶ですが、「〆張鶴」の蔵元である宮尾佳明さんがその理由を教えてくれます。

「日本酒を劣化させる原因になる日光を、よく遮断してくれるのが茶色い瓶です。日本酒は、長時間、日光を当てると酒のいい香りを変質させ、最悪は異臭に変化することもあります。味わいにもよい影響を与えないため、私の蔵では基本的に、茶瓶やおなじく日光を遮断しやすい緑の瓶を使っています」

最近の日本酒の瓶はポップなおしゃれ化が進んでいて、透明やブルー、赤などの瓶を使う酒蔵も増えています。

ただ、そういう瓶を使うのは、見た目のおしゃれさと引き換えに、

「管理がたいへんで余計にコストがかかってしまいます」と宮尾さん。

とくに色が薄い瓶は、日光を吸収しやすいため、紫外線をカットするビニールをかぶせたり、新聞紙で包んだり、光を避けて温度管理を徹底するなど、いつも以上に気づかいをしなければなりません。

外見をおしゃれにして、視覚から入る商品のイメージをよくするのは大切なことですが、見た目がよいのに中身にがっかりすることがないように、お酒が瓶に入ったあとの品質を維持するためには、注意が必要です。

どのような瓶に入れるかだけではなく、お酒の育ちかたは、貯蔵の方法によっても変わってくるでしょう。

鮮度を保ったお酒を売りたい酒蔵は、しぼってから火入れ、瓶詰めまでのスピードが速いだけではなく、すぐに冷蔵庫で貯蔵するのが、今や当たり前になりつつあります。

とにかくフレッシュなお酒をお客さんに届けたいと、大部屋のような大型の冷蔵庫で、10度以下あるいは低いとマイナスまで温度を下げた、身ぶるいするほど寒い環境で、瓶に詰め

た日本酒を貯蔵します。

最近では、マイナス30℃で瞬間冷凍した日本酒をつくる蔵もあり、各蔵元の鮮度への執念はすさまじいものがあります。そして、早ければ貯蔵して数週間で出荷するほど、短期間のサイクルで日本酒は市場に送られます。

酒蔵を見ていると、年々、しぼってから貯蔵するまでの展開はめまぐるしくなるばかりですが、短期間のサイクルで日本酒が市場に出ることが可能になったおかげで、フレッシュタイプの日本酒のおいしさが長持ちするようになり、飲む人にとってはうれしい進化です。

ところが、つくりたい酒質によっては、このスピード感はマイナスになる場合もあります。フレッシュは同時に未熟であり、トンがって勢いがある若者のように、荒々しいお酒になってしまいがちだからです。

では、「〆張鶴」の場合はどうなのでしょうか。

「〆張鶴」は、口開けしたばかりでも硬さがなく、すでに味がまとまっていてまるみがあり、しっとりした落ち着きもあります。フレッシュ系の日本酒をつくりたい酒蔵とは、貯蔵の方法がちがうのでしょうか。

「私の蔵でも、フレッシュさをたのしんでもらえるように、季節限定で出している生原酒は、しぼってすぐ瓶詰めしたものを出荷しています。しかし、通年販売している商品は、急いで酒を瓶詰めしたり、出荷することはしないですね。できたばかりの状態だと硬さを感じるのですが、〆張鶴は、口当たりがやわらかくて、味わいがほどよくこなれた状態で飲んでいただきたいので、ある程度、寝かせることが必要です。純米吟醸や本醸造などの定番酒は、タンクにお酒を入れ、半年から1年くらい熟成させます。大吟醸は、瓶詰めしたものを約1年、冷蔵庫で寝かせてからようやく販売するほど、じっくり時間をかけて、やわらかい口当たりのお酒に仕上げるのです」

酒質が変化しやすい日本酒の特性を考えると、上槽後はすぐに瓶詰めし、すぐに冷蔵庫で保存したほうが安心です。出荷後の劣化のリスクを防ぐこともできるでしょう。

でも、「〆張鶴」は、酒質のためにあえて、お酒にゆるやかな時間を与えています。

お酒を熟成するのかしないのか、貯蔵の方法はそれぞれの酒蔵によって答えはちがい、正解はありません。

「いくら酒蔵の間で流行っている方法でも、〆張鶴の味にならなければ採用する意味がありません。私の蔵の定番酒にとっては、鮮度を保つよりも、寝かせることが大切なのです」

ただ寝かせるだけではなく、貯蔵の期間や出荷のタイミングを考えることも重要です。

「食事とともにたのしめる、後口がしつこくない味をつくりたいので、〆張鶴は寝かせすぎてもだめです。そこらへんのバランスがむずかしいところではありますが、お客さまが飲んだときにおいしくなるように、飲み頃のすこし前に出荷することを意識しています。そのためには、貯蔵したお酒の唎き酒はいつも欠かせません。本醸造ひとつとっても、出来具合はタンクによって微妙にちがいますから」

つくって終わりではなく、常にお酒がどんな状態なのか、最後の最後まで、つくり手の目はお酒に向けられています。

番外編

お酒づくりの先生

教えてくれた人

「福島県ハイテクプラザ会津若松技術支援センター」副所長兼醸造・食品科科長の**鈴木賢二**さん

平成5年より同研究所で醸造技術の研究・開発に従事し、今や日本酒業界で知らない人はいないほど、日本酒づくりの先生として広く知られ、全国各地で講師としても活躍中。日本酒のコンテストである、全国新酒鑑評会で常に下位にいた同県の酒蔵を、2012年から7年連続、金賞受賞に導いたことでも有名です。独自に編み出した、日本酒づくりのレシピは「鈴木式マニュアル」として多くの酒蔵の手に渡っています。

日本酒は酒蔵がつくっていますが、つくり手の陰には、各県で相談役をつとめている、お酒づくりの先生がいます。先生たちは、日本酒づくりを試験的に行って醸造技術の研究をする機関に在籍し、つくり手の駆け込み寺のような役割も果たしています。

日本酒づくりを任されたばかりの蔵元や杜氏だけではなく、経験が豊富なつくり手でも、なにか問題が起こったときや、新しい種麹菌や酵母を試すときなどに、お酒づくりの先生は相談に乗ってくれる頼もしい存在です。

日本酒がおいしくなったのも、こういった先生たちが熱心に研究開発を行い、全国の酒蔵を支えつづけているからです。

福島県ハイテクプラザ会津若松技術支援センターの科長である、鈴木賢二先生も、そのなかのひとりです。鈴木先生は歯に衣着せぬ発言が人気で、今や陰の黒子ではなく、人気講師としても日本酒業界で広く知られています。

鈴木先生は、「聞かれればなんでもお答えしますよ」と飄々とした口調で、私の取材に応えてくれました。

「言葉は悪いですが、私がいる世界は今まで、なんでも出し惜しみする傾向がありました。自分の知識を守る保守派が多く、技術や理論を教えたほうが負け、みたいな風潮があったと思います。私が平成5年にこの仕事をはじめたときも、基本の教科書はあっても、指針が確立されていないために、おなじ質問をしても先生によって答えがバラバラなことが当たり前でした。そうなると、私はなにを基準にしていいかわからず、日本酒づくりをほんとうに理解するためには、3年以上かかってしまったんです」

そこで、鈴木先生が一念発起をして編み出したのが、「鈴木式マニュアル」です。主に、吟醸酒をつくるための製造方法が書かれたレシピのようなもので、経験の浅いつくり手でも理解できるほどわかりやすい内容が、多くの蔵元に支持されていきました。

「私が知る限りだと、前々から先生たちのなかでは、はっきりとマニュアルと呼ばれるものはなく、各蔵によって教えを変える、日本酒づくりの酒屋万流にならった指導がほとんどでした。でも、そもそもですよ、日本酒全体の酒質をよくしないと、酒を飲んでくれる人たちの選択肢には入らないですよね。今までずっと日本酒業界にいて、廃業する酒蔵をいっぱい見てきたので、可能な限りそれを減らしたいと考え、基本になる製造方法を提案しました。とにかくこのレシピを忠実に再現すれば、おいしくなると確信しています」

鈴木先生の考えるおいしい日本酒とは?

「適度に香りがあって、甘みがある日本酒です。世間ではいまだに辛口がいいとされていますが、なんだかんだ言っても、今売れている日本酒は甘口が多いんですよ。もちろん甘みばかりが突出していたり、アミノ酸がくどい甘重い酒はいけませんが、きれいな甘みは日本酒のなかで大事な要素です」

　とくに、全国新酒鑑評会などのコンテストで金賞を獲りたい場合、適度な香りと甘みの日本酒は有利なのだと言います。

　蔵元のなかには、金賞を獲れる日本酒はどれもおなじ味で、個性がなくてつまらないと揶揄する人もいますが、鈴木先生は首を横に振ります。

「たとえば全国新酒鑑評会は、むかしのフィギュアスケートで言うと規定演技のようなものです。最低限クリアしなければならない関門なんですよ。それもつくれないで、クセがある酒ばかりつくって、これが個性だと言ってもだめなんです。ふだんの市販酒は、自由演技でなにをつくろうとまったく構いません。ただ、一定の酒質をつくれるように技術を高めていかないと、結局のところ、市販酒だっていいものはつくれないですよ」

　一定の酒質をつくれるようになることで、どの日本酒も確実においしくなり、おいしい日本酒は必ず売れるのだと言います。

「むかしの酒蔵は、味よりもお米をどれだけ溶かしていかに酒化率（原料に対してどれくらいお酒が取れるかの比率）を上げるかなど、経済性のほうを優先していました。でも今は、味を第一に考えることが当たり前の時代です。設備や資本力など、酒蔵ごとにできる範囲はそれぞれ限界がありますが、素直においしい酒がつくれる時代なんですよ。ですから、従来のやりかたに固執するのではなく、限られた設備のなかでどうやって自分が考えるおいしいもの、つまり売りたい日本酒をつくれるのか。酒蔵はもっと考えるべきなんです」

鈴木先生は独自のマニュアルを編み出したとはいえ、「おいしければどんな酒でもいい」とくり返し言葉にします。たとえ将来、鈴木先生のマニュアルからできる日本酒とは反対の酒質が、世間から求められるようになっても、おいしければいい、と。

「私は自分がおいしいと思う日本酒のマニュアルをつくりましたが、なにもみんながおなじ味をつくってほしいと言っているわけじゃないんです。具体的に使う酵母も書いていないですし、麹づくりも最適なポイントを紹介しているだけなんですよ。鈴木式を基本にして、あとはすきな組み合わせでつくればいいというのが、私の考えです」

酒屋万流という、考えがちがって当たり前の日本酒づくりの掟からすれば、マニュアルをつくるとは、まったく相反することではあります。でも、鈴木先生は批判もアンチも覚悟で、今までに前例がない「鈴木式マニュアル」をつくったのです。

「すべてのアルコールのなかで、日本酒のシェアは7％（2018年8月の取材の時点）を切っているんですよ。7％もないんですよ！　日本と名がつく酒なのに……こんなにさみしいことはないじゃないですか。ですから、この状態を業界みんなで打開していかなければなりません。陰口を叩かれようと、私はおいしい日本酒を酒蔵につくってもらえるよう、これからも働きかけていきます」

7%を切っている。その数字に愕然とした私は、考えたくなくても、日本酒の未来を憂えてしまう。しかし、鈴木先生は、まっすぐな目で言いました。

「蔵元たちによく言うのは、酒蔵には未来があるぞ、ということです。おいしい日本酒を知らない人はいまだに多いのですから、まだまだ需要はありますよ。だからこそ、いい酒をつくらないと絶対にだめです。従来は、お金をかけて宣伝に力を入れれば、なんとか売れると言われていました。今はそんなことは一切ありません。おいしくなければ売れないのです。徹底的にいい酒をつくる努力した酒蔵には、きっと未来があると私は信じています」

それぞれの酒蔵が思う〝おいしい〟をどれだけ追求できるのか。すべてのつくり手に、希望はゆだねられている。

番外編

機械のこと

教えてくれた人

東京都「塚本鑛吉商店」代表取締役社長の**塚本泰嗣**さん

大正6年に醸造用品業を開始し、ロングセラーの濾過機〝オムニ・ミクロフィルター〟の他、洗米機や自動製麹機（麹を自動でつくる機械）など、日本酒づくりで使う機械や道具類を提供しています。自社製品は350種類もあり、他社の商品も含めると取り扱うアイテムは2000種類以上。塚本さんいわく「私は醸造機器のコーディネーター」。酒蔵の要望に細かく対応してくれる用品屋として、酒蔵からの信頼は厚い。商品を販売するだけではなく、宮城県に酒蔵を持ち、取り扱い製品を使って実験的に日本酒づくりも行っている。

日本酒づくりを支える、屋台骨のような存在が、醸造機器メーカーです。

「塚本鑛吉商店」の社長である、塚本泰嗣さんによると、

「全国には、うちのようなあらゆる機械製品を扱う用品屋をはじめ、精米機や洗米機、タンク、ポンプなど1種類に特化したメーカーもあり、合計すると80社くらいあります」

酒蔵にとって醸造機器メーカーも、なくてはならない存在で、日本酒がおいしくなるために活躍している、立役者でもあります。

こういうことを書くと、手づくりという世界観がすきな人は、ムッとするかもしれない。いまだに、日本酒は機械などを使わずに、人間の手を使って、すべてをつくるものと思っている人もいるかもしれません。心をこめて手づくりしてこそ、いい日本酒ができると信じて疑わない人もいるでしょう。

日本酒づくりの記録映像などにある、筋骨隆々の腕っぷしたくましい男性たちが道具を手にして、ときに汗だくになり、ときに白い息を吐きながら、手づくりする姿は神々しくもあります。

ごつい男性たちの仕事ぶりは惚れ惚れしますし、見栄えがして迫力もある。いかにも手づくりという感じもしますよね。でもそれは、むかしの話。あえて一部に、そういう手仕事の

方法を選んでいる酒蔵もありますが、現在は少数派ではないでしょうか。

仮に、なにかのイベントや実験、企画として、すべて手づくりで、日本酒をつくることはあるかもしれませんが、機械をまったく使わない日本酒づくりなど、今の酒蔵の世界ではありえないと思います。どんなに小さい酒蔵でも、なにかしら機械の力を借りているのが普通なのです。

「たとえば麹室でおっちゃんたちが裸になっていたのは、ただたんに麹室が高温多湿の環境のために暑かったからです。今は速乾性のあるTシャツもありますし、汗が米に付着するほうが不衛生なので、わざわざ裸になる必要はないと思います。蒸米を取り出すときも、人間の手で運ぶのも悪くはありませんが、メッシュの敷き布ごと引き上げるクレーンを使って、すぐに放冷したほうが効率もいいですし、すぐに水分を飛ばすことができるのでいい蒸米になります」

手づくりから生まれるものは、ひとつひとつの形や質感がちがうおもしろさがありますし、素朴なよさがありますが、日本酒の場合、手仕事が過ぎてしまうとむしろ、おいしくなくなる可能性のほうが高いのかもしれません。

塚本さんは、自社蔵で日本酒を手づくりした経験から、こう話しています。

「やみくもに手づくりにすると、その都度、洗米や浸漬、蒸米などいろんな工程で仕上がりにバラつきが出てしまい、酒質が安定しません。それに、必要以上に人間の手が入ると、雑菌を持ち込んでしまうことにもなります。うちの蔵でも手づくりでつくったことはありますが、変に酸っぱい酒ができてしまいました」

体力的にも無理を強いることになります。

「むかしの人には怒られるかもしれませんが、蒸米を取り出すために熱々の甑のなかに入って火傷したり、重いものを持って腰も痛くなるし、いやだなあと思って（笑）。手づくりを経験してみたからこそ、労力をいかになくしていいものをつくれるのか。そう考えながら機械を開発してきました。雑菌に対して神経質になりすぎると、蔵に棲みつく菌を排除することになり、酒の個性が凡庸になりますし、機械に頼りきると感性が鈍ってしまうのでよくないこともあります。でも、酒質をよくしておいしい酒をつくりたかったら、ある程度の機械化は必要です」

ものづくりの世界では、機械を導入するとすぐに、安易な工業製品になると批判する人がいますが、それも極端すぎる考えです。

日本酒づくりはどんなに機械を使っても、たとえこれから新しい機械がたくさん発明されようとも、人間の手仕事や労力がすべてなくなることはないと思います。それは、大手の酒蔵だっておなじです。日本酒づくりは、1と1を足したら2になるというような、単純な構造でつくられるものではないからです。

日本酒づくりは機械と手仕事の共存であり、日本酒が今のようにおいしくなったのは、つくり手の努力だけではなく、やはり機械のおかげもあるのです。

機械の開発が活発になったのは、昭和30年～40年代。日本酒の第1次産業革命が起こります。

「精米歩合70％程度しか米をみがけなかった従来の水車精米から、40％まで精米できる精米機が誕生したり、自動で酒をしぼることができるヤブタという自動圧搾機、蒸米を自動で放冷できる放冷機、瓶詰め機など、大型の機械が次々と生まれたのも、昭和30年くらいからです。それはもう、凄まじい近代化です」

日本酒づくりの近代化は、当時の日本酒の消費量にも深く関係しています。この頃は、ちょうど日本酒の消費量が昇り調子で、いよいよピークにさしかかる時期と重なり、酒蔵は大量生産の時代を迎えます。つくればつくるほど売れる時代です。効率よく大量につくることを目指していた酒蔵からすれば、日本酒づくりの機械化は、願ってもない自然の流れでした。

ところが、昭和50年くらいを頂上に、消費量は下がりつづけ、ビールやウィスキーなどの洋酒に押されて、日本酒は売れなくなります。売れなくなれば、つくる量も減らさなくてはなりません。ウン千万や億単位で設備投資をした酒蔵は、採算が合わずに経営難におちいります。

その後も、消費量が伸びることはなく、多くの酒蔵が廃業に追い込まれ、かろうじて生き残ったとしても、綱渡り状態で経営する酒蔵が増えていきます。大量生産をするために購入した大型の機械は、ホコリをかぶり、徐々に稼働されなくなりました。

「潤っていた当時の蔵元はいわば、お金持ちの旦那衆ばかりですよ。われわれのような用品屋と蜜月関係でもあったと思います。設備投資も戦略が甘く、使いかたもわからない機械を、どんどん購入できるくらいお金に余裕があったんです。なにも考えずに蔵元が買うものだから、杜氏や蔵人からしたらほしくない機械もあり、一度も使わないなんてことも多かったと聞いています」

現在、酒蔵を継いだ蔵元のなかには、この頃に経営をしていた先代の借金に、いまだに苦しめられているところもあります。

「先代が買った、おおきい機械やタンクがたくさんあるけれど、今はつくる量をすくなくしているから使えず、どうしたらいいのか相談にくる蔵元も多いんです」

残念ながら、大手メーカーはのぞいて、大型の醸造機械がふたたび日の目を見る日は、ほとんどないと思います。

日本酒だけが飲まれる時代になれば、大量生産が必要になり、過去の爆発的な売れゆきは期待できますが、ほかにもおいしいお酒がたくさんある今は、日本人の主食が米だけになるのとおなじくらい、無理なことです。

むしろ、つくればなんでも片っ端から売れた時代が異様であり、酒質向上を第一にしている現代の酒蔵からすれば、過度な大量生産は求めてないように見えます。

「その代わりに、今は少人数で少量多品種をつくる酒蔵が増えてきているので、小型の機械が求められる傾向があります。うちのコンセプトは〝3人で仕込もう〟なのですが、たとえばもろみを仕込むタンクを小さくして、本数をたくさん仕込んだほうが大規模な設備もいらないですし、温度管理や発酵具合の軌道修正もしやすい。なにより、体力的に楽なんですよ。大型の機械を使っていたときには見えにくかった、ちょっとした米の変化もわかるようになりますし、人手もそんなにいらなくなります。品質のためにも、雇用形態を改善するためにも、これからは少量ずつ仕込んだほうがいいと思います」

昨今は、日本酒が商材として注目されていることもあり、国からものづくりの補助金を得られるチャンスが増え、酒蔵は設備投資がしやすくなりました。

「経営を考えるとなかなか設備投資ができなかった酒蔵が、補助金のおかげで機械を導入できるようになりました。むかしよりもいい日本酒をつくりたいと、頑張る蔵元がどんどん出てきたので、酒質を向上させたい酒蔵にとっては、ありがたいことですよね」

ただ、と塚本さんは釘をさします。

「近年は、酒蔵同士の交流が活発になってきたので、それはいいことですが、他の酒蔵で使っている機械を見たり、評判を鵜呑みにして、やみくもにおなじ機械をほしがる蔵元はよくないですよ。一時、安価なこともあり、どの蔵もやさしく洗浄できる某洗米機を導入していましたが、あれだって、精米歩合によって合う合わないがあるんです。たくさん精米した米だったら糠がすくなくて割れやすいので、その洗米機は最適なのですが、精米歩合50％以上のそんなに精米しない酒米は、やさしい洗浄力だと糠が落ちません」

ある酒蔵では100点の機械でも、別の酒蔵では0点のこともあり、香りが高い吟醸酒をつくりたいのか、純米酒がいいのか、目指す酒質によっても最適な機械は異なります。3人でつくるのか10人でつくるのか、酒蔵の広さはどれくらいなのかによっても、合う機械と合わない機械があるのです。

「うちでは取り扱うものをすべて分析したり、実際に使ったりしているので、たとえ自社の機械より他社のほうがよかったとしても、自信を持って適切なものをおすすめしています。洋服と一緒で、カジュアルな服がほしい人にスーツを推しても意味ないですから」

それくらい酒蔵と機械は相性があります。

「とりあえず酒をよくしたいから機械がほしい、はだめです。機械の導入を真剣に考えていない蔵元だとつくりたい味や、酒質へのこだわりが見えてこないんですよ。結果、なにをしたいかわからない中途半端な酒になると思います。逆に、明確につくりたい味があって、工夫して機械を導入しようと努力している酒蔵だと、私は燃えてきます（笑）」

設備投資がしやすくなった今だからこそ、蔵元には、適した機械を選ぶセンスが求められています。塚本さんは期待を込めて言っています。

「今のほとんどの蔵元は、みんなうまい酒をつくりたいと思っています。ですから、機械の導入を真剣に考えて設備投資を突き詰めていけば、これからも確実に酒質はよくなっていきます」

番外編

辛口とは◎「白隠正宗」

教えてくれた人 静岡県「白隠正宗」蔵元・杜氏の高嶋一孝さん

蔵元のなかで酒豪と言えば必ず名前が挙がるつくり手です。日本酒だけではなく、あらゆるお酒をするりと腹におさめ、飲めば飲むほどハツラツとする超のんべえです。高嶋さんは「酒をつくるより飲むのがすき」がモットーで、筆者とともに飲んだ酒量は計り知れず。そんな蔵元らしく、つくるのは量を飲める日本酒。「白隠政宗」はコンパクトな甘みがあり、後口はからりと軽快。ずるずる飲みつづけたい日常酒です。

実は、日本酒を飲みはじめてから長い間、腑に落ちなかったのが「辛口」という言葉でした。日本酒の味わいを表現するもっともポピュラーな言葉として、世間には浸透しています。紋切り型の日本酒の口ぐせかもしれません。

でも、そもそも日本酒が辛いとは、いったい。

辛口を辞書で調べてみると、「口当たりが辛めなこと、辛みのある食べもの、とくに辛さのつよいもの」とあります。

さらに、辛いとは「唐辛子やわさびのように舌や喉を刺激するような味、塩気が多い、しょっぱい」とあり、おまけに味のこと以外は「情け容赦がない、苦痛を感じるほど激しい」とありました。

まるっきり、日本酒にあてはめられるような広義の意味は、どこにもないのです。

なのに、すきな日本酒のタイプを聞かれたとき、日本酒を注文するとき、多くの人が暗黙の了解のように辛口と言うのは、なぜでしょうか。

辛口という言葉を使うのは悪くないです。自分の嗜好を伝える手段として、どんどん使っていいと思う。しかし、辛口と感じる味が、人によってとんでもなくバラバラなので、とくに酒販店や飲食店で働く人たちが、頭を抱えることが多いと聞いています。

日本酒のプロたちの悩みは尽きず、たびたび議論の的になるほど、辛口問題は根が深いのです。

せっかく、個性豊かな日本酒をたくさん揃えているのに、猫も杓子も「辛口ください」では「またか」とがっかりし、考えぬいて辛口と思う日本酒を提供しても、ちがうと突っ返されたらムムムッと頭にくる、がプロの声です。

なかには、辛口という言葉に対して、拒絶するほど嫌悪感をあらわにする店主もいるのだから、（ごく少数派ではありますが）店によっては取り扱い注意の言葉だったりします。挙句の果てには、辛口という言葉を使うのは日本酒の素人だとか、日本酒を知らない無知の象徴などと言うプロもいるのです。

そこまでお客さんに、日本酒の表現を求めてしまうのもどうかと思いますが、そんな状況なので、もしあなたがふつうに飲む人ならば、辛口と言っても、せめてスッキリなのかしっかりなのか、すきなタイプの味をひとことでも持っていると、どこに行っても平和に飲めると思います。

（おいしいと思った銘柄をひとつでもおぼえておくといいかも。もしも店になかったとしても、このみの味に近い銘柄をおすすめしてもらいましょう）

このように、辞書にはまったく当てはまる意味がないのに、氾濫するように使われている、日本酒の辛口という定義はどこから来たのでしょうか。

米を糖化させた麹でつくるお酒である以上、成分の中心はうまみと甘みのはずなのに、これらを抑えて先頭に躍り出てしまった、日本酒の辛口とはなんなのでしょうか。

誰が最初に言いはじめたのかはわかりませんが、たぶん、辛口の言葉が大衆に広く普及したのは、明治から大正にかけてなのではないかと、仮定してみました。

はっきりしたことがわかっていなかった酵母や酒母など、日本酒のあらゆる微生物の研究がはじまり、お酒自体のさまざまな成分も、徐々に明らかになったのが当時です。

その明らかになった成分のなかに、日本酒の質量（比重）を測った、日本酒度があります。ボーメ比重計と呼ぶものを、お酒のなかに浮かべ、水の比重であるプラスマイナスゼロ（±0）を中心にし、浮き沈みによってエキス分を測定したものです。

日本酒に含まれている全体のエキスが多ければ多いほど、水の比重より重くなってマイナスになり、アルコール分が高いほど、プラスになる仕組みで数値を測ります。

これが辞書には当てはまらない、日本酒の辛口という定義を生んだ、ひとつのきっかけだったのではないでしょうか。

日本酒度の仕組みを、エキスが多いマイナス=甘口で、エキスがすくないプラス=辛口と誰かが決めてしまったからです。

日本酒度は本来、つくり手だけが知っていればいい情報でした。それなのに、日本酒度は日本酒づくりのプロの世界から飛び出し、いつの間にか甘口辛口の概念とともに、ラベルに記入するようになった結果、日本酒の辛口という、ふしぎな概念が生まれてしまったのではないでしょうか（大手メーカー各社の辛口戦略も影響を与えたと思います）。

すこし前にくらべると、日本酒度をラベルに書く酒蔵はだいぶ減っていますが、日本酒度から派生した辛口という言葉は予想を超えて浸透していき、日本酒の味わいを表現するワードのトップとして、いまだに認知されています。

とくに日本酒愛好家やマニアのなかには、日本酒度を基準に甘いだの辛いだのを語り、日本酒度がさも絶対のように公言する人もいます。

「白隠正宗」をつくる高嶋一孝さんは、こう嘆いています。

「もともと日本酒度をラベルに書く義務はないんですよ。書くようになったのも、ごく近年のことだと思います。誰が、日本酒度がプラスのほうが辛口だと言いはじめたのか……。お客さんに対して、蔵元が日本酒度を引き合いに出して、味を説明したほうがわかりやすいと思ったんですよね。でも、こんなにも辛口の概念が誤解される原因になるとは、さほど想像していなかったのではないでしょうか」

日本酒度でわかる、日本酒に含まれるエキスの量は、甘辛の基準にはならないと言います。

「日本酒は酵母による香りや、コハク酸や乳酸など有機酸の量がわかる酸度、アルギニンやグルタミン酸などをあらわすアミノ酸度、麹の酵素によってできるグルコースなど、いろんなファクターが重なってできるものです。たとえば、日本酒度がマイナスでも酸度が高くなれば辛く感じますし、エキスがすくないプラスでも香りのエステル（果実のような芳香）がつよければ甘く感じます。そう考えると、多種多様な味が増えてきた今の日本酒は、これまで以上に日本酒度のような指標で、甘辛を決めるのはむずかしいと思います」

また、日本酒の酒質は、時代ごとに甘口に傾いたり、スッキリが一辺倒になったりと流動的なので、むかしは辛口と言われていた日本酒も、現代の嗜好では辛口の部類に入らない可能性もあります（60代と20代が考える辛口がちがうように）。

ということで、日本酒の辛口の定義はないに等しいのです。

ただ、高嶋さんは辛口を決める目印を、こう提案してくれます。

「さまざまなファクターが混じりすぎている日本酒度ではなく、甘い辛いは残糖量で決まると思います。日本酒の残糖量を測ると、どれだけ酒のなかに糖が残っているのかわかるようになるので、残糖度として公表すれば、辛口の指標になるのではないでしょうか。たとえばワインのように、残糖度が何％であれば中辛でそれ以下が辛口というように、残糖度の明確な数字を出すと、ドライ、セミドライみたいにわかりやすく区分けできるようになります」

残糖度ならば、味の濃淡がわかりやすく、自分がどんな味を辛口だと思っているのか、嗜好を知るヒントにもなります。

「僕たちの業界が悪いのですが、日本酒度が広まったせいで、辛口の定義がねじ曲げられてしまった感があります。辛口とは、単純に糖がすくなくて甘くない酒のことを言うのです」

気がつけば、当たり前のように使われている、日本酒の辛口という言葉のふしぎ。辞書に載るくらい定義が確立される日は、さて、これからやってくるのでしょうか。

第三章 むかしの話

前置きのようなもの

日本酒は、いつからできたお酒なのでしょうか。「日本」という冠がつけられた、他のお酒よりもベテラン感がある日本酒は、どこからやってきた?

私は日本酒を知れば知るほど、むかしの人たちは、どうやってこんなに複雑なつくりかたを思いついたのか、むかしの日本酒はどんな味をしていたのか。日本酒の来し方を考えると胸がいっぱいになって、眠れなくなってしまうことがあります。

いくら文献を読もうと、蔵元さんたちに話を聞こうと、わからないことが深まるばかりで、私はいまだに迷宮のなかを夢遊するように、ぐるぐるとさまよっている感覚があります。それほど、日本酒の過去は私にとってカオスです。

日本酒のルーツは、明確にはなっていませんが、米づくりをはじめた縄文時代後期から弥生時代にかけて、誕生の片鱗をうかがい知ることができます。無人の離れ小島だった日本列島に、北海道や沖縄などを通じて人類が移入してきた説とも、たぶん無関係ではありません。

そんな途方もない長い時間を、日本酒はこれまで歩んできましたが、興味深いのが、今とむかしの日本酒づくりをくらべると、根本的に変わっていない部分があることです。

現代の日本酒づくりは、５００年前の方法の基礎を、いまだにふつうに取り入れているんです。

たとえば、生酛づくりという、自然界の微生物を生かしながらつくる、江戸時代後期に誕生した手法（Ｐ１４３）があります。

これ、思い切って言ってしまうと、現代にはなくても困らない手法です。

今は、速醸酛（Ｐ１４２）という、食品添加物規格で認められた醸造用の乳酸を添加し、あらかじめ安全に酵母を培養できる方法もあるので、わざわざ手間がかかる生酛で酒母をつくらなくてもいいわけです。

それなのに、生酛で日本酒をつくりたい酒蔵は、減るどころか増える傾向にあります。ある蔵元が言っていた「先祖返り」をする酒蔵が多いのです。

古来の手法で現代の味をつくる、というように。

今のつくり手は、最新の技術や道具を求めるのと同時に、日本酒づくりを通じて先人の声なき教訓や答えみたいなものも、自然に探し求めているのかもしれません。それほど日本酒のむかしには、素通りできないふしぎな魅力が詰まっているのではないでしょうか。

一方、日本酒の歴史には、ふしぎな魅力だけではなく、おいしい日本酒をつくることが叶わなかった、苦難の時代もあります。とくに、戦争をぬきにして日本酒の歴史は語ることができません。日本酒に多大な負の影響をもたらした戦争も、すべて今の日本酒につながる、忘れてはいけない歴史のひとつです。

これらをひっくるめて本章では、日本酒の歴史を追求していきたい。日本酒の歴史は膨大なので、すべてを網羅し書くことは不可能ですが、私の好奇心に狙いを定めて日本酒のむかしを、手ですくえるだけ集めてみようと思う。

米にカビが生えたら

日本酒のはじまりを考え出すとわくわくすると同時に、目の前が真っ暗になります。はっきりしないことが多すぎるからです。もしかしたら、化石を発見するよりも、日本酒の最初を発掘するのは難しいのではないでしょうか。液体状のお酒は飲めば跡形もなく消えてしまうもので、形は残りにくいものです。

たとえば、縄文時代の土器で有名な壺型の「有孔鍔付土器（ゆうこうつばつきどき）」は、お酒を仕込んだり、貯蔵したりするときに使われた道具だという説もありますが、正確なことはいまだにわかっていません（この土器にヤマブドウの種子が付着していた発見事例があり、果実酒をつくっていた可能性はある）。

縄文時代中期の遺跡とされている、長野県の井戸尻遺跡群から、パンのような塊の炭水化物、つまりでんぷん質を含んだものが出土したこともあり、米や雑穀などを原料に穀物酒をつくっていた可能性もありますが、確証がなく、日本酒の起源に結びつけるのはむずかしい。

このように、日本酒のはじまりを正確に知ることはできそうもないので、すこし視点を変えて、まずは発酵をつかさどる微生物、菌の世界をのぞいてみたいと思います。

高温多湿の日本では土地柄、はるかむかしから、さまざまな菌が生息しています。そのなかのひとつがカビの一種である麹菌です。なかでも、古くから発酵食品や日本酒づくりに使われている「黄麹菌」に着目したい。黄麹菌は、和名を「ニホンコウジカビ」（学名をアスペルギルス・オリゼー）と呼び、今のところ日本にしかいない麹菌として、現在、国菌に指定されています。

ところが、ここで興味深い説があります。

この黄麹菌は、もともと日本の自然界には存在しなかった菌だと言われています。

では、黄麹菌はいったいどこからやってきたのでしょうか？

答えは、『日本の伝統 発酵の科学』（中島春紫著・講談社）の力を借りたいと思います。

同書によると、黄麹菌は日本人が長い時間をかけて、発酵に向く優良な菌を選抜し、性格を変えていったとのこと。

実は、アフラトキシンという毒素を生む、アスペルギルス・フラバスと呼ばれる菌は、黄麹菌と遺伝子がよく似ているようで、もともと黄麹菌は毒性を持っていた可能性があり、それを、日本人が発酵に適した菌へ改良したと筆者は予想しています。優良な黄麹菌が生えた米を種にして増やし、培養するところまで進化させたと言うのです。

その最たるものが、種麹屋です。鎌倉時代には、すでに麹を専門につくる業者が出現し（むかしは酒蔵ではなく専門業者が麹をつくっていた）、種麹の培養は盛んに行われていました。やがて、酒蔵でも麹をつくるようになり、麹屋は激減していきましたが、麹のもとになる種麹をつくる専門業者は、今も根づよく残っています。

現代の種麹屋は、日本酒の麹づくりで使う黄麹菌だけではなく、醤油や味噌にも使う麹菌なども、古くから純粋培養しているメーカーで、日本人が菌を改良してきた歴史を今に伝えています（日本酒の世界では、「秋田今野商店」、「菱六」、「樋口松之助商店」「糀屋三左衛門」などが有名）。

とにもかくにも、日本酒のはじまりは、日本人が米をつくり、黄麹菌という微生物の存在に気がついたことに、尽きるのではないでしょうか。黄麹菌と米が奇跡的にめぐり逢い、日本酒の歴史がはじまったのです。

菌を生やした米でお酒をつくった記録が書かれた最初の文献は、奈良時代初期の『播磨風土記』で、

「大神の御粮沾れて黴（正確には米へんの横に毎の字）生えき　すなはち　酒を醸さしめて　庭

酒に献りて宴しき」とあります。

神様にお供えした米が濡れてカビ（菌）が生えたので、それを原料にお酒をつくり、神様に献上した後に宴で飲んだ、と書かれています。

しかし、もっと早くから麹を使って、米のお酒をつくっていた可能性はあります。

米づくりが普及した弥生時代では、米は炊くのではなく蒸して食べていたので、麹ができやすい環境はすでに整っていたからです。黄麹菌を繁殖させて麹をつくるには、炊いても焼いても米の水分含有量が適さず、蒸した米がもっとも黄麹菌が生える条件を満たしています。今でも日本酒づくりには蒸した米を使っています。

噛んでつくるお酒のこと

日本酒の起源を語るときに、必ずと言っていいほど話題にのぼる、奇妙なお酒があります。それが、「口噛み酒」。人間の口で米を噛んでつくるお酒のことです。奈良時代初期の『播磨風土記』や『古事記』などの文献にも記録が残っている、かつての日本に存在していた風習です。神様に捧げるお酒として、健康で清潔な未婚の女性が担う、神事には欠かせない神聖な催しでした。

人間の口で米をよく噛むことによって、唾液に含まれている糖化酵素のアミラーゼが、米のでんぷん質を糖化し、糖ができて発酵が可能になるという仕組みでできるのですが、理屈はわかっても、なんとも得体の知れないお酒です。米を噛めるのは、健康で清潔な未婚の若い女性に限られていたというのも、妙に謎めいています。

いくつかの参考書を読んで知った、つくりかたもふしぎでしかありません。

選ばれた若い女たちは、歯茎を痛めて顎が疲労するくらいひたすら米を噛み、壺や大鍋に吐き出すことをくり返します。長いときは、朝から昼までずっと、口噛みの作業をつづけなければなりません。それから、女たちの噛んで吐いた米を、数日置いて発酵させ、「口噛み酒」は完成します。

そして、なんと、完成したものは神様に供え、そのあとは口噛み酒で宴会をし、男女で杯を酌み交わしたというのです。かなりエキセントリックな発想です。

でも、現代の感覚では信じられませんが、当時の女性たちにとって「口噛み酒」に携わることは、健康で清潔な女性として選ばれた誇りであり、喜びでした。飲むほうだってありがたくいただいたのです。なかには、意中の女性が噛んだお酒だと、なおさら喜んで飲む男たちもいたと言われています。

どうして、こういう風習が日本にあったのでしょうか。今のところ、稲作やなにかの伝来とともに他国から持ち込まれた説が有力ですが、日本でたまたま生み出された可能性もあり、はっきりしたことはわかっていません。

私は、他国から持ち込まれた説を考えてみました。「口噛み酒」は、ただほったらかしてできるものではなく、自然偶発的なきっかけだけでは、生まれないお酒だからです。

ちょっと大胆な発想かもしれないのですが、さらに視野を広げて、たとえば、数万年以上も前に、日本人の祖先が無人の日本に移入してきた説と、照らし合わせてみるのはどうでしょうか。

日本人の誕生については諸説ありますが、北海道や対馬、沖縄などを入り口にして、日本人の祖先が他国から移入した説があり、これがほんとうだと仮定すると、「口噛み酒」は他国から日本に持ち込まれたのではないのかと、想像したくなります。

この説は、『日本人はどこから来たのか？』（海部陽介著・文藝春秋）で提唱している、日本人の広い意味での祖先の「アフリカ起源説」です。

著者の説をざっくり要約すると、このようになります。

日本人だけでなく、現生人類の祖先だと言われているホモ・サピエンスの一部は、アフリカから大拡散し、ユーラシア大陸の東端までたどり着きました。彼らは、ヒマラヤ山脈の南と北側のルートをたどってアジアを横断してきたというのです。そして、この集団が、北海道や対馬、沖縄を入り口にして、日本にやってきたと仮定しているのですが、これに「口噛み酒」を重ねると、他国から製法が伝わった可能性が、うっすら見えてくるのです。

なぜなら、同じようにアフリカに起源を持つ中南米の人々の間では、ふるくから「口噛み酒」の文化が根づいていたからです。

たとえば、中南米に位置するエクアドルでは、穀類のキャッサバを茹でて潰し、潰したキャッサバをよく噛んで吐き出したものを溜めて自然発酵させる、「チチャ」あるいは「アスア」と呼ぶお酒があります。

キャッサバの収穫から茹でる作業にはじまり、口噛みまでを担うのは女性だけで、若い人だけではなく主婦も「チチャ」づくりを行い、神事だけではなく日常で飲まれるお酒として親しまれていたというのです（寝起きの一杯からはじまり、仕事の休憩時間、食後など水あるいは栄養源としていつも飲んでいたそうです。女性たちはどれだけ口噛みをしなければならないのか、苦労がしのばれます）。

これらの製法を知っていた人々が日本に移入してきて、人間が口で噛んだものを原料に、お酒をつくる方法を伝えたと考えるのは、早計でしょうか。

しかし、先ほどの説である、日本人の祖先が日本への入り口にしたという、北海道（とくにアイヌ）や沖縄の島々には、日本のなかでも、とりわけ「口噛み酒」が定着していたことは見逃せない事実です。なかでも、沖縄の西表島では、わりと近年の大正末期まで「口噛み酒」はつくられていたほど、大切な風習として受け継がれていました。

米にカビを生やしてつくるお酒が時代とともに進化していくのとは反対に、この風習は時間が止まったように変わらず、根づよく日本で残っていたのです。そう考えると、「口噛み酒」は日本の生活のなかで独自に生まれたというよりも、すでに完成された絶対的な神聖なものとして、他国から伝来したのかもしれないと思ってしまうのです。

ところで、そもそも、なぜ「口噛み酒」というお酒が、生まれたのでしょうか。

『酒づくりの民族誌』（山本紀夫編著・八坂書房）によると、

「（略）人類がはじめて飲んだ酒はどんなものであったのか。私は、いろいろな理由から、果実の口噛み酒ではなかったかと考えている」とし、インドや南米、東南アジアなどの広範囲でむかしから習慣があった「チューイング」という噛んで吐き出す行為が、「口噛み酒」の起源ではないかと推察しています。

つまり、幻覚作用や疲労回復などに効果がある、コカの葉やコラの種子などのチューイングを通じて、果実の「口噛み酒」ができたというのです。

さらに、同書では「今、私たちは噛んだものを汚いと思ってしまうが、かつてはそうではなかった。幻覚剤なら、尿でさえ汚くはなかった」と「口噛み酒」を飲むという行為のはじまりに、言及しています。

おおむかしの味

日本酒の歴史のなかで、うまいだのまずいだのを言うようになったのは、時代がだいぶ進んでからのことではないでしょうか。

もともとお酒をつくるのは、神様に五穀豊穣の感謝を伝えるためであり、飲むのは神様と交流するための手段だったからです。酔うことで正常ではないトランスに近い状態になり、恍惚のような意識が生まれることで、神様と繋がることができると、むかしの人は信じていたのです。

そこに、おいしいおいしくないの概念が出てきたのは、すくなくとも、人がたのしみのために、お酒を飲むようになってからのことだと思います。

ふつうの状態ではない「酔う」という感覚は、非日常のたのしみとしても、根づいていったのでしょう。いつしか人は神事だけではなく、冠婚葬祭や盆暮れ正月の集まりなど、なにかにつけてお酒を飲むようになります。

そうすれば酔うたのしさだけを求めるのではなく、おのずと「味」に対して欲が増えるのもふしぎではないですよね。

飲む人の口が肥えれば、それに応えようと思うのがつくる人です。

飲む人とつくる人の欲。このふたつが生まれ、折り重なることで、日本酒は終わりのない「進化」の切符を手にしました。

はじめは庶民の世界ではなく、とりわけ、権力を持った上層階級が、日本酒をつくる技術を高め、飲む人の口を肥えさせていきます。

では、おおむかしの日本酒はどんな味がしていたのでしょうか。酒造技術の変遷を追いながら、かつての日本酒の味を想像していきたいと思います。

日本の歴史と照らし合わせると、稲作が他国から伝来し、日本で農耕がはじまって弥生時代を過ぎ、古墳時代、飛鳥時代と時代が進むと、お酒づくりは進化の兆しを見せはじめます。

当時は、稲作を行うようになったことで、できた概念である「土地」を管理し牛耳る者が現れ、社会が形成されるようになった時期です。王や貴族など、権力を持つ人間の上層階級が生まれ、国を治めるだけではなく、外交も行うようになり、朝鮮半島などから仏教や文化など、さまざまなものが日本に移入してきます。

お酒もしかり。朝鮮半島でつくられていた「しとぎ」という、白米を水に浸してやわらかくしたものを米粉にし、固めたものにカビを生やした、「米餅麹」を使った「梨花酒（イファジュ）」（どろりとした濃いにごり酒）」というお酒が、日本に入ってきた可能性があり、日本酒づくりに影響を与え、進化をもたらしたことが考えられています（北海道のアイヌでは神に捧げる餅をむかしは「しとぎ」「しと」と呼んでいた）。

「梨花酒」にならい、米のお酒をつくったとしたら、今のマッコリをさらにどろりと濃厚にした味だったのではないでしょうか。

ただ、日本でも米餅麹を使って、お酒をつくったことはあったかもしれませんが、飛鳥時代と奈良時代を過ぎ、平安時代になると早くも、今の原型であるひと粒ずつの米に菌を生やす、「バラ麹」を使ったお酒づくりが主流になります（『延喜式（えんぎしき）』という平安時代の文献にバラ麹を使う手法が残っている）。

そのきっかけや移行する流れは明らかになっていないのですが、たぶん、しとぎを使う方法は、日本の気候風土に合わないつくりかただったのか、できたお酒が嗜好に合わなかったのでしょう。

他国と交流が盛んになった飛鳥時代には、にごり酒だけではない、澄んだお酒（とはいえどのくらい澄んでいたかは不明）もつくられるようになったことも、関係があるのかもしれません。

飛鳥時代の遺跡とされている、「飛鳥板蓋宮跡（あすかいたぶきのみやあと）」から、「澄む」とおなじ意味を持つ、「須弥（すみ）」を用いた、「須弥酒（すみさけ）」という字が発見されたことから、当時はすでに、にごったお酒の上澄みか、なにかの布で濾したお酒を飲んでいた可能性があります。

そして、奈良時代から平安時代にかけて、酒造技術はさらに飛躍し、「造酒司（みきのつかさ）」という、朝廷のためにお酒をつくる役所が活躍します。他にも役所が抱えていた、金属加工、染織、漆工などの職人とおなじく、お酒づくり専門の職人が「造酒司」で、米を使ったさまざまなお酒を生み出します。

当時は、よほど濃いものが求められていたのか、甘くてしっかりした味わいのお酒ばかりをつくっていました。

たとえば、米と米麹、水を使って10日間熟成させた、とろりと甘い「白酒（しろき）」や、これに、木灰を加えて保存性を高め、お酒の酸を中和させた「黒酒（くろき）」という、色が濃くてアミノ酸などのうまみ成分が多いお酒があります。

ほかにも、水の代わりにお酒を使い、麹や蒸米とともに数回かけて仕込むお酒や、甘くするために麦芽を加えたもの、麹をたくさん使って甘酒のような味にしたものなど、上流階級が飲むのは、どれもこれも甘いお酒が多かったのです。一方、下流の役人が飲むのは、水の割合を多くした「雑給酒（ざっきゅうしゅ）」でした。

甘いお酒が次から次へと誕生した時代が過ぎ、室町時代に移ると、朝廷で生み出された酒造技術が次第に民間に移り、朝廷とおなじく権力を持っていた寺院や、政府が認めた町のつくり酒屋が急増します。

国を治める人たちがお酒をつくらせて、その代わりに酒役（しゅえき）（税）をもらい、財源を確保するという体制になり、お酒は今までのように必要に応じてつくるだけではなく、商品として販売し、流通することが求められるようになります。おのずと、お酒の品質をよくするための研究も、盛んになります。

これまでは、麹米には玄米を使っていましたが、「諸白（もろはく）」という、90％程度、精米した米を、掛米（かけまい）（麹以外に使う米）だけではなく、麹米にも使ってお酒をつくりはじめたのです。精米をした米をたくさん使えば、雑味がすくなく、質のよいきれいな味になることを、つくる人たちは知りました。

室町時代は、他にも日本酒づくりの技術革新が起こり、その手法は今でも採用されるほど、画期的なことが生まれた頃でもあります。

その中心にいたのが、民間のつくり酒屋ではなく、なんと寺院です。

たとえば、現代の日本酒づくりでも採用されている、３段仕込み（Ｐ１６８）や火入れ

（P197）。そして、暖かい時期でも無事にお酒をつくるために編み出された、「菩提酛（ぼだいもと）」があげられます。

今でこそ日本酒は寒い冬につくるのが基本になっていますが、当時は春から夏にかけてもお酒をつくっていました。気温が高ければお酒が腐りやすく、雑菌も繁殖しやすい。それを防ぐために、殺菌効果がある乳酸をしっかり育てた酛が、「菩提酛」です。

それが、なんとも複雑な製法なんです。

室町時代の酒造技術が記された『御酒之日記（ごしゅのにっき）』には、このようなことが書かれています。

まず、白米1斗をよく洗い、そのなかの1升を炊いてご飯にし、よく冷まします。洗った白米は水に浸け、冷やしたご飯も一緒に入れてしばらく放置します。

3日ほど経ったら、上澄みの透明な水は別の桶に入れ、ご飯も別に取り出しておきます。残りの浸漬した米は蒸し、よく冷まします。

麹は5升を用意します。そのうちの1升を、白米とともに浸漬して取り出しておいたご飯と混ぜ合わせ、半分をカラの容器（桶か甕（かめ））の底に敷き詰めます。

そして、残りの麹4升と、先ほど蒸して冷ました9升の蒸米を入れ、あらかじめ取っておいた上澄みの水を注いで混ぜ合わせ、もろみをつくります。

最後に、ご飯と麹1升を混ぜ合わせた残り半分を、もろみの上に広げるように載せ、蓋をして約7日間置くと完成します。

（味は、酸味がつよい個性的な日本酒だったと思います。現在も奈良の酒蔵が、「菩提酛」を使った日本酒をつくっているのですが、独特な酸味があり、まるで貴醸酒のような味わいで、ふつうの日本酒にはない酸っぱさがあります）

どういう作用でお酒ができるのかというと、白米とご飯を一緒に水に浸けておくことで、水に溶けたご飯の養分が乳酸菌をつくり、乳酸菌が増えると雑菌を防ぐ乳酸が生まれ、腐敗を予防します。

この雑菌を防ぐ乳酸が増えた水に、麹と蒸米を加えると、余計な雑菌は淘汰され、麹の糖分を栄養にする酵母が育つ環境が整い、安全にお酒が発酵するという仕組みです。実はこれ、第2章で紹介した「生酛」や「山廃酛」の原型になるつくりかたです（P142）。

科学的なことがわからなかった室町時代に、こんなに複雑で理にかなったつくりかたが、お坊さんの手によって、すでに完成していたなんておどろきです。

本来、寺の戒律ではお酒を飲むことはご法度ですが、寺院はお神酒をつくっている神社と近い存在で、もともと荘園制度（有力者が農園を所有し年貢米を農民からもらう）の恩恵があったために米が簡単に手に入り、寺は山奥の閑静な場所にあります。きれいな水も豊富にありました。まさに、お酒づくりに適した環境ですよね。

寺院で修行する、多くのお坊さんたちを生活させていくためには、莫大な経費が必要なこともあり、飲酒を禁じる戒律がある一方で、寺でつくられるお酒は「僧坊酒（そうぼうしゅ）」として、あちこちの寺院から大々的に売り出されます。

毎日のように、厳しい修行をするストイックなお坊さんたちだからこそ、微生物を繊細に使う「菩提酛」や、低温で加熱する火入れなどの製法を開発できたのかもしれません。どの寺院でも、他に負けないよう切磋琢磨し、酒造技術も酒質もみがかれていきました。

江戸時代になると、現代の日本酒づくりの基礎がほぼ完成します。「菩提酛」からさらに進化した、「生酛」や、もろみをしぼる前に焼酎を加えてつくる、今のアル添（P174）に近い「柱焼酎」などが生み出されました。

銘醸地と呼ばれるところが次々と誕生し、伊丹や鴻池、池田が台頭したあとは、灘、西宮などがつづき、主に関西地方を中心に日本酒づくりが発展します。

なぜ、関西地方から銘醸地が生まれたのでしょうか？

それは、米が育ちやすい温暖な環境と、日本酒づくりに適した硬水があったことが（硬水のほうがよく発酵する）、理由にあげられます。当時、話題になった兵庫県西宮市で発見された、「宮水」という名水（硬水）に恵まれたこともあり、西日本では急速に酒造技術が発達していきます。

江戸時代は、精米の進化も特筆すべきことです。これまで足踏み精米など人力で削っていた米を、水車の動力を使って精米できるようにしたのも、西日本に位置する灘の人たちです。灘は水流が激しい川が近くにあり、その水流を生かして水車を稼働することで、90％くらいが限界だった精米を、約80％まで可能にしました。

江戸時代の人たちからすれば、10％も多く削れることは、ものすごい発明だったのではないでしょうか。1％もちがえば、酒質に影響を与えることは、前に書いたとおりです（P100）。

より精米した米を使えば、さらに雑味がないお酒をつくることができるからです。灘地方の日本酒は、どこよりもすっきりした質のよいお酒、つまり現代の言葉を借りるならば、辛口として、とくに、江戸っ子の人気を集めます。

江戸時代に人気が高かった日本酒を、主に生産していたのは西日本でしたが、消費を動かしていたのは大都市の江戸です。主要な消費地だった江戸に住む江戸っ子は、塩辛いものがすきだったのとおなじく、お酒も評価が高かったと言われていたのは、甘口よりもだんぜん辛口です。

辛口の日本酒をつくるのが得意だった西日本のお酒は、うなぎのぼりで消費されるようになりました。

しかし、あまりにも関西地方の日本酒に人気が集中したため、このままだと利益が流出してしまうと危惧したのが、寛政の改革を主導した老中・松平定信です。

上方（関西）に負けないよいお酒をつくるため、有能な技術者を招いたり、関東の酒蔵を経済的に優遇する政策を進めたのですが、品質は思ったように上がらず失敗に終わったと言います。それくらい、上方のつくり手の酒造技術は、簡単に真似ができないほど優れていたのです。

上方の日本酒の供給が追いつかなくなると、表面だけ本物を装い、銘柄と中身がちがう日本酒も数多く出回るようになります。西日本の日本酒はブランド力もありました。

たとえば、関東近郊でつくったお酒を、上方で人気の「剣菱」に似せるために、〝極上剣菱飛天製造〟という、牡蠣殻灰やマグネシウム、石膏などのカルシウムに、マクワウリのような漢方薬を入れた、処方箋のようなレシピも開発されたそうです。

それにしても、むかしは、おいしいお酒をつくること以前に、まず、無事につくる、ということがたいへんでした。米の収量が安定せず、凶作や飢饉のときに幕府は、お酒をつくる量を厳しく制限します。日本人の主食とおなじ米を原料にしていた日本酒は、むかしから贅沢品であり、米の収穫高によって、つくる量を翻弄される宿命にあったのです。

また、いつも雑菌に汚染されやすい日本酒づくりは、気候や環境に左右されやすく、失敗することも多かったと思います。

江戸時代からは、暖かい時期にもつくっていた日本酒を「寒造り」と言って、冬の寒い時期だけにつくるよう制約します。ものが腐りやすい春や夏に、日本酒をつくることを幕府が禁止したのです。お酒が腐って売りものにならなければ、税金を回収できず、財源を得ることができないからです。

この政策がきっかけで、酒蔵の当主や身内だけではなく、寒い時期に仕事がない農家や漁師が出稼ぎとして、日本酒づくりに携わるようになります（それが、後にお酒づくりのリーダーである杜氏や、蔵人などの職人をつくりました）。

また、江戸時代は、お酒が腐る腐造の対策として、失敗したお酒を救う「直し酒」の技術も数多く、開発されています。『童蒙酒造記』などの酒造技術書には、腐敗して酸が多すぎたもろみに草木灰（草や木を燃やしてつくる灰）や、貝殻を焼いた灰を加えて酸を中和したり、お酒に砂を入れて濾過する方法が記されています。どんなお酒でも、なんとかして売りものにするために、苦肉の策として考えられた方法でした。

つくり手の誰もが、つくりたい味を確実に再現できるようになるためには、日本人が神様のためだけにお酒をつくる時代を過ぎ、江戸時代に突入した、１５００年間でもまだ時間が足りません。

日本酒に伝統の手法はない？

日本酒は、数千年をかけて日本人がつくってきたお酒です。

なまじっか歴史が長いからか、いまだに、酒蔵のしきたりを守るとか、技術も味も、おなじものを守りつづけることが、美徳だという人が多いかもしれません。旧来の体質や日本酒づくりの方法を変える酒蔵が出るたびに、「むかしはよかった」「むかしに戻すべき」などの批判も耳にします。よくも悪くも、日本酒は歴史という蓄積された鉄の壁が、背後にあるからなのでしょう。

たしかに、日本酒の歴史はとてつもなく長いですし、伝統産業と言われればその通りだと思います。伝統とは、守って継承していくのが先人たちへの敬意であり、つくり手の使命だと考えるのが一般的です。

でも、日本酒には「守る」という言葉が、私にはどうもしっくりこないのです。伝統の言葉すら、疑問符が浮かんでしまうこともあります。

もちろん、日本酒には伝統があります。基本的な日本酒づくりの工程は、ほぼ江戸時代に完成したものですし、それぞれの酒蔵では、これはずっと変えていないぞ、というつくりかたや矜持があります。

ただ、伝統だけが日本酒の歴史をつくってきたのでしょうか。矛盾した考えかもしれませんが、歴史が長いからと言って、日本酒のことを伝統産業という言葉で、ひとくくりにできるものなのでしょうか。日本酒の歴史をノスタルジーのように語るのも、居心地の悪い椅子に腰かけたときみたいに、どこか据わりが悪い心持ちになります。

そんなモヤっとしたものを抱えていたときです。

とある講演会で、山口県の日本酒「獺祭」をつくる桜井博志会長が話していた言葉に、私は目を丸くします。

「日本酒には、伝統の手法というものがないと思います」

桜井会長はさらにつづけます。

「日本酒には、いつの時代も常によくないところを変えようと改善してきた歴史があります。日本酒の伝統とは、その都度、工夫して改善して変えていく、これに尽きるのです」

桜井会長の言葉は、私のなかで腑に落ちるものでした。

日本酒の伝統は、工夫、改善、変えていく。その通りだと思います。今もむかしも酒蔵は、先人の培ってきたものを参考にしたり、伝統的と言われる手法を取り入れたとしても、ただ模倣するだけではありません。つくり手は、いつも日本酒づくりの現場で、工夫と改善を試みて成功と失敗をくり返し、次の時代へリレーのバトンを渡すように、歴史をつくってきたのではないでしょうか。

具体的にそれはどういうことかというと、桜井会長が一部の人たちから「獺祭は日本酒づくりの伝統を壊した」と言われるきっかけになったという、杜氏制度の廃止と四季醸造（年間を通してお酒をつくること）があげられます。

杜氏制度とは、寒い時期に仕事がない農家や漁師を中心に構成された、職人集団です。お酒づくりのリーダーである杜氏は、冬になると近所の農家や漁師たちを引き連れて、酒蔵にやってくるのが長い間、日本酒の世界の慣習でした。

杜氏のもとで働く蔵人には、「頭（かしら）」（杜氏の補佐であり右腕）、「麹屋」（麹づくりの責任者）、「酛屋」（酒母づくりの責任者）、「釜屋」（蒸米づくりの責任者）などの役職があり、それぞれに役割を分担しながら互いに技術をみがき、日本酒はつくられていたのです。

ですから、伝統を壊したと批判する人たちの言い分とは、「日本酒は、職人として経験を積んだ杜氏と蔵人集団がつくるもので、寒い時期に行うのがおいしい日本酒ができる条件であり、守るべき長いしきたりだ」ということです。

ところが、真逆の方法を選んだのが、今の「獺祭」です。

桜井会長は、先代までつづいてきた杜氏制度を廃止してお酒は社員でつくり、冬だけではなく、年間を通じて日本酒をつくるスタイルに変えたのです。

一見すると、「獺祭」は、日本酒づくりの伝統を壊したと感じてしまうかもしれません。しかし、伝統を壊したと思うのは、ごく近年の日本酒づくりのスタイルと比較するからであって、日本酒の長い歴史を俯瞰して眺めてみると、そう言い切れないことがわかります。

前の項でも触れましたが、杜氏制度ができたのも、日本酒を寒い冬だけにつくるようになったのも、江戸時代からだと言われています。室町時代までは杜氏や蔵人という明確な役職は存在せず、一年中、お酒をつくっていたのです。

つまり、室町時代に生きていた人たちからすれば、江戸時代になってからはじまった冬だけのお酒づくりも杜氏制度も、「伝統を壊した」ことになります。はじめは、異業種である農家や漁師に、酒蔵で働いてもらうことに抵抗があった蔵元もいたでしょう。

そう考えると、日本酒の伝統とは、旧来の方法を守ったり、継承するだけでつづいてきたのではないですよね。

それぞれの時代にあった形に酒蔵は変容し、あっちでもこっちでも壁にぶつかりながら、挑戦と工夫をやめなかったからこそ、今の日本酒があると私も考えます。酒蔵だけではなく、日本酒の研究者たちもおなじです。

というようなことを前提にして、日本酒の歴史を追っていくと、むかしの人たちはドラスティックな試みを、何度もくり返してきたことがわかります。

まず、明治期がそうでしょう。

江戸時代が過ぎて明治になると、明治維新や文明開化とともに、日本酒の世界も近代化に向かって、激動の時代に突入します。

米が余っている今では信じられないことなのですが、この頃は食べる米を国内で自給できず、海外からの輸入に頼っていたほど人口が増加していたときです。同時に、日本酒の需要も伸びていました。海外との交流も活発になってきた頃ですから、国内の消費を伸ばすだけではなく、日本酒の輸出も視野に入りはじめます。

とうぜん、生産量を増やさなくてはならず、酒蔵は日本酒づくりを工業化することが、政府から求められるわけなのですが、そうは問屋がおろさないのが当時の日本酒です。

本書でもたびたび書きましたが、明治の酒蔵では、発酵がうまくいかなかったり、しぼって貯蔵している間にお酒がだめになる、腐造がいっこうになくならない状況がつづいていました。

お酒づくりの基本的な工程は構築されていましたが、どういう微生物の作用でお酒ができるのか、まだ科学的に証明される段階にはありません。運よくいけばできるというような、日本酒づくりは神頼みに近い状態だったのです。

それなのに、酒税はどんどん上がっていきます。

明治は、地主に所有権を与える代わりに税金をもらう、「地租改正」の制度に代表されるように、米などの現物支給ではなく、貨幣によって財源を得る体制に変わった時期です。日本酒もおなじで、酒蔵はお酒をつくる代わりに、税金を徴収されることになります。日本酒の需要が増えつづけていた頃なので、つくる量が増えれば税をたくさん得ることができると、政府が考えるのは自然な流れで、酒税は速いスピードで上がっていきます。

酒蔵に課す税は、明治11年に1石（100升）につき1円だったのが、13年には2円、15年に4円、31年に12円、34年に15円となりました（『近代日本の酒づくり』（吉田元著・岩波書店）より）。

なのに、腐造に対して補償はないのです。酒蔵はたとえ腐造したとしても、税金を払わなくてはならないため、腐造したお酒を蒸留して二束三文で売ることもありました。

濃くつくってから何倍も水で薄める、「強濃醇酒（きょうのうじゅんしゅ）」というお酒をつくる方法も、普及します。おいしい味をつくるなどと理想を掲げている場合ではなく、とにかく商品にして、利益を出すことが先決でした。

多くの酒蔵が団結し、「酒屋会議」という増税反対の運動をたびたび起こしたりもしましたが、政府に受け入れられません。それほど、酒税は政府にとって財源を確保できる、金のなる木だったのです。

明治27年からの日清戦争にはじまり、37年の日露戦争のときも増税は終わらず、あっという間に1石17円にまで酒税は跳ね上がります。一説によると、この戦争の軍事費のほとんどは、酒税だったと言われるほど、酒蔵には高い税金が課せられていました。

蔵元はもちろんのこと、杜氏にも、重い責任はのしかかります。お酒を失敗すれば酒蔵の利益がなくなるので、まさに命がけで日本酒をつくっていたのです（なかには責任を取って自殺する杜氏も大勢いました）。

日本酒づくりとは、なんという苦しみを伴うものなのかと、ただため息が出てしまう明治期ですが、酒蔵もつくり手も、ただ手をこまねいていただけではありません。

全国の酒蔵では、当時もっとも酒造技術に長けていた、灘を中心とした関西地方の酒蔵から蔵人を招いて教えを請い、すこしでも灘に追いつこうと、静かに技術をみがいていきました。とはいえ、すんなり技術を教える人はすくなく、技術を他の酒蔵に知られるのはご法度な時代です。なかには、収税吏（しゅうぜいり）（税金を集める人）の制服を着て変装し、関西の酒蔵に潜り込んでまで、技術を盗もうとしたつくり手もいたのだと言います。

そんな混沌とした状況がつづくなか、日露戦争がはじまった明治37年に、日本酒づくりを研究する国の機関「国立醸造試験所」（現・酒類総合研究所）が設立されます。

つくり手のために日本酒づくりの講習を行ったり、優れた酒造技師の先生たちが、酒蔵に出向いて指導にあたるなど、日本酒を改良する動きがいよいよ動きはじめます。

そして、行き当たりばったりの日本酒づくりに、科学のメスが入ったのもこのときです。日本酒をつくる酵母の存在が解明されていないなか、発酵をもたらす菌は麹からなのか、それとも野生の菌なのか（当時はもろみの発酵が酵母によるものだということが未確認だった）。あるいは、腐造をもたらす「火落ち菌」（Ｐ２００）を防ぎ、安全に酛をつくるためにはどうしたらいいのか。

研究者たちは急務とばかりに、研究を進めていきます。

明治39年になると、酵母を開発する醸造協会（現・日本醸造協会）が設立されます。研究者たちは酵母を培養し、全国の酒蔵に頒布する事業もスタートしました。

これらの新しい取り組みは、日本酒の未来を明るくする灯台のような確かな光として、着実に日本酒づくりを変えていくきっかけになります。

しかしながら、混沌とした明治期を過ぎても見通しが立たず、日本酒づくりはまっすぐ進むどころか、待ったなしで進路の変更を迫られました。

科学的に証明されつつあった、微生物の力を利用した日本酒づくりを喪失しかねない方法が発明され、日本酒の世界は、さらに動乱の時代を迎えることになります。

米を使わない日本酒ふうのお酒づくり

米の消費が減りつづけている現代とは異なり、日本では昭和の半ばを過ぎるまで、米を自給自足できませんでした。人口が増加し、米の消費が増えていくのに対して、米の増作が追いつかず、足りないぶんを台湾や朝鮮など、海外から輸入していたのです。

ということは、米の収穫高によって、日本酒の製造量に波があったことは、容易に想像ができます。米は日本酒の原料である以前に、日本人の主食なのですから、凶作だった場合は食べることを優先されます。

たとえば江戸時代は、冷害などで凶作になると、幕府がお酒をつくる量を厳しく制限しました。反対に、豊作のときは「酒株」(これを幕府からもらった人のみがお酒づくりができる)を持たない人でも、お酒がつくることができる「勝手造り令」のような御触れが出たりと、米の収穫高によって、酒蔵は日本酒をつくる量をころころ変えなければなりませんでした。

明治に入ってからも、米は自給自足できていないため、食べることが優先され、米を潤沢に使ってお酒をつくるのはむずかしく、さらに腐造が多かった時代です。

明治も後半になり、ようやく日本酒づくりに科学のメスが入りはじめ、腐造を防ぐ「速醸酛」、安定した発酵をうながす酵母が開発されましたが、すぐに普及したわけではありません。研究者たちが開発した醸造法だけでは、まだまだ無事にお酒をつくる、というところまで到達できていませんでした。

江戸時代までは、お酒の製造量を制限するだけでよかったのかもしれませんが、大量生産を推し進めたい明治以降の近代化の流れは、日本酒づくりがあらぬ方向に進むきっかけを与えてしまいます。

それが、いかに米を使わないで日本酒みたいなお酒をつくるか、ということです。研究者たちは原料である米を、節約したお酒づくりを考えはじめます。

明治の初期はちょうど、日本にやってきた海外の化学者たちも、日本酒の分析をしはじめた頃で、科学の力を生かした日本酒づくりをすすめる動きがありました。

米が足りないなら別の原料に変え、腐造するくらいなら科学的にお酒をつくるべきだと、助言します。ビールの醸造法にならったり、日本酒の原料を大麦にして、米は輸出すべきだと提案した人もいました。

米ではない別の原料を使い、日本酒をつくるなんてとんでもないと、当初は批判する人もたくさんいたでしょう。でも、日本酒の研究者たちは、それを受け入れるのでした。米を節約できる科学的なお酒づくりは、原料不足と腐造に悩んでいた人たちの渡りに船であり、新しい未来の日本酒を予感させる、目から鱗の提案だったのだと思います。

明治を過ぎ、大正に変わると、日本酒の研究者たちは、さらにケミカルなお酒づくりの開発に没頭していきます。

ケミカルなお酒は、「合成清酒」と呼ばれ、日本酒ふうのお酒として、さまざまなものが生み出されました。

まずは、「新日本酒」と名づけられたお酒があげられます。サツマイモを使って発酵、蒸留したもの（芋焼酎に近い?）に、白米をデキストリン化して砂糖や酒石酸（酸味のある果実に含まれる有機化合物）と合わせたものを加えて、濾過したお酒です。

米よりも安いサツマイモを原料にし、濃くつくって水で薄めて増量する、安上がりの方法です。つくりかたも通常の日本酒づくりよりも簡単で、当時の酒税法上では、清酒（日本酒）ではなく「酒精含有飲料」（エチルアルコールを含んだ飲料）の部類に入るため、税金も安くなります。

米は少量だけあればよくて、日本酒づくりのリスクが高い発酵を行わなくてもいいという、

「新日本酒」の触れ込みは、合成清酒づくりに拍車をかけます。

蒸したもち米や、米麹を使う味醂づくりにならった「味醂式新日本酒」なるものや、ジャガイモのでんぷん質を使って糖化したものに、アミノ酸などの化合物を加えて、味を整えたお酒などもありました。

添加する化合物もアミノ酸だけではなく、コハク酸、乳酸、有機酸、甘味料のブドウ糖、グリセリンなどが加わります。ただ、化合物を調合するだけでは日本酒の味にならないと、新酒の酒粕から香りをつけたり、米麹や米ぬかを入れた液体で培養した酵母を加えたりと、より日本酒っぽくするための研究も進められました。

これらの研究の中心になっていたのは、ビタミンB1を発見した、理化学研究所の鈴木梅太郎博士です。「理研酒」と名づけられた合成酒の研究は、当時、最先端の科学技術でした。合成酒の研究だけではなく、日本酒の成分に本格的に科学のメスを入れたのも、理化学研究所だと言われています。

また、加熱殺菌の火入れ法はすでに普及していたのですが、加熱の方法がまだ未熟で腐造を完全に防ぐことができなかったため、有害の可能性が指摘されていたサリチル酸を、外国人の科学者にすすめられ、防腐剤として使用していたのもこの頃です（昭和44年に全廃。現在では添加が禁止されていて、サリチル酸が入った日本酒はありません）。

昭和に入ると、合成清酒は本家の日本酒をしのぐ勢いで、酒場や家庭で飲まれるお酒として、ゆっくりと着実に広まっていきます。

そして、本来の日本酒をつくることも味わうことも、ぼんやりした夢のように叶わなくなりつつあった時代が、戦争の渦に飲み込まれた昭和です。

日中戦争や太平洋戦争など、度重なる戦時下であらゆる食料が不足すると、ますます米が足りなくなり、米をほぼ使わない合成清酒は日本酒の代役として、大衆を酔わせる役割を果たします。

戦後もお酒の消費は伸びつづけたために、今度は、合成清酒で培ったものをさらに改良し、昭和24年に開発されたのが「三倍増醸酒（さんばいぞうじょうしゅ）」でした。

名前の通り、原料からできるお酒に対して、3倍も多く量をつくることができる方法です。もろみをしぼる前に蒸留したアルコールを添加し、アルコールで薄まってしまう、うまみやコクを増やすために、ブドウ糖やコハク酸、乳酸なども加えてつくるお酒でした。

米本来のうまみはすくなくても、とにかく甘みはある三倍増醸酒は、食料が不足し、砂糖などの甘味も貴重で、甘みが枯渇していた時代だからかもしれませんが、飛ぶように売れていきます。

売れれば酒蔵もつくる量を増やし、前出の『近代日本の酒づくり』によると、昭和28年には、本物の日本酒の生産量を上回り、全体の59％以上を三倍増醸酒が占めるほど、人工的な日本酒ふうのお酒は、日本人の日常酒として飲まれるようになりました。

酒蔵も手に入りにくい米を節約でき、腐造にもならず、本来の日本酒づくりよりも労力がいらないとなれば、三倍増醸酒をつくるほうを選んでしまいます。

米だけを使うのではないお酒を開発したことで、本物の日本酒づくりではなし得なかった大量生産や工業化を可能にし、酒蔵は儲けることができました。模造でも量産できた日本酒ふうのお酒は、一見、成功したものづくりに思えたのではないでしょうか。

ところが、つくり手の売れているという手応えと、飲み手の本音とはタイムラグがあり、お酒がほんとうに愛され飲まれているのかどうか、真実の答えは、やや遅れて目の前にやってくるのだと思います。

戦後、日本が経済的に立ち直り、米だけではなくさまざまなものに恵まれるようになると、日本酒ふうのお酒は、日本酒の消費に暗い影を落とす腫瘍のような存在へ一転します。飛ぶように売れた時代が嘘のように、昭和50年くらいをピークに消費量は下降します。

本物ではなく、日本酒の模造を飲んだ多くの人たちが、日本酒はベタベタするほど甘い、悪酔いする、などと言い、日本酒の評判は落ちていきます。

明治から日本に移入したビールが徐々に普及し、売り上げを伸ばしていたことに加えて、肉食やこってりしたソースを使う洋食が広まるなど、日本人の食生活の欧米化も影響し、添加物で甘ったるい日本酒ふうのお酒は、敬遠されるようになります。

それなのに、模造酒が飛ぶように売れた時代を経験した酒蔵は、なかなか現状を変えられず、変えたくない思いもあったのではないでしょうか。酒場や家庭で、飲み手が日本酒に対して、どのような反応を示しているのか、想像することができなかったのかもしれません。

米不足が解消されても、多くの酒蔵は三倍増醸酒をつくることをやめず、安い原価で効率のいいお酒づくりを優先した結果、気がつけば、取り返しがつかないほど、日本酒の消費は低迷していました。

米不足とお酒づくりの技術の未熟さゆえに、研究者たちがよかれと思って生み出した日本酒ふうのお酒は、皮肉なことに、日本酒の消費を低迷させるだけではなく、日本酒をつくる酒蔵のものづくり精神も変えてしまったのです。

売り上げがよかった頃に無理な設備投資をした酒蔵は、採算が合わず次々に廃業し、なんとか存続しているところも経営が苦しくなります。

戦後から時間が経ち、あらゆるものが復興されても、日本酒の悪いイメージは飲み手のなかで伝承のように受け継がれ、つい最近まで古い傷跡のように残りつづけました（今では、三倍増醸酒の製造は廃止され、合成清酒も料理酒としてわずかに市場に出回っていますが、つくる量は激減している)。

しかし、一方で、昭和の日本酒づくりの工業化や大量生産の変遷は、日本酒に暗い影だけをもたらしたわけではありません。

「機械のこと」(P227)で触れたように昭和は、米をたくさん削る高精米を可能にした精米機や、米を自動で蒸す連続式蒸米機、自動でもろみをしぼることができる圧搾機、瓶詰め機など、日本酒づくりを進化させた醸造機器が、盛んに開発された時期です。

いくら掃除や殺菌をしても、雑菌やカビが繁殖しやすかった木桶で、酒母やもろみを仕込むのではなく、掃除がしやすく雑菌が生えにくいホーロータンクという、鉄製のものに釉薬を塗ったタンクを使いはじめたのも昭和です。

速醸酛や酵母など、微生物の研究だけではなく、このように日本酒をおいしくつくるための開発は、本物の日本酒をつくりたいと願った人たちの信念によって、根づよくつづけられていました。

ほかにも、本来の日本酒づくりの復権を求め、醸造用アルコールや糖類などで増量したお酒に、異を唱える蔵元もいたのです。

昭和44年に、防腐剤がわりに使っていたサリチル酸は廃止されますが、それよりも前から、京都の「月桂冠」をはじめとする一部の酒蔵などでは、防腐剤を使わない日本酒づくりに挑戦していました。

また、添加物を調合してつくるお酒ではなく、米と水、米麹だけを使った純米酒づくりを推進し、酒蔵に普及させようと「純粋日本酒協会」が昭和48年に発足するなど、もともとの日本酒の姿を取り戻そうという動きも、水面下で静かに進められていました。

発酵に適した微生物や、醸造機器などを開発する人たちだけではなく、日本酒の復権を志す蔵元がいたからこそ、日本酒づくりは本来の姿を、ゆっくりとすこしずつでも、取り戻すことができたのです。

でも、ふと、合成酒のことを考えてしまうことがあります。原料に使う米が足りないならばいっそのこと、日本酒そのものをつくることをやめてもおかしくなかったのでは？

理化学研究所で理研酒を開発する背中を押したのは、大正7年の米騒動（政府がシベリア出兵を決めたことを背景に、投機目的で地主が米を売り惜しみ、米商人が米を買い占めて価格を高騰させ、安売りを求める富山県の漁村の主婦らが、発端になって広がった社会運動）だったそうですが、研究者たちが、日本酒という形をすべて捨てなかったのは、なぜでしょうか。

日本酒の培ってきた歴史を守るためとか、ただ必要に駆られて、ということもあるかもしれませんが、果たしてそれだけが理由なのでしょうか。

今となっては、当時の人たちの声を聞くことは叶いませんが、原料の米がいくら不足しても、日本酒に似ている味をつくろうとしていた人たちの熱意は、腐造に悩む酒蔵や、日本酒を飲みたい人たちに応えるための、とても純粋なものだったと私は思っています。その純粋な思いは、残念なことに日本酒を歪ませる原因になりましたが、日本酒に科学をもたらし、微生物やあらゆる成分を解明するきっかけを与えました。

ただ、それ以上に、本物の日本酒づくりを諦めなかった人たちがいたことは、誇りであり日本酒の宝です。

人間の環境破壊によって汚れた川が、人間の努力によってうつくしさを取り戻すように、本来の姿を失った日本酒を、逆境にもめげずに浄化してくれた人たちがいたからこそ、今があるのです。

名前のふしぎ

いまさらなのですが、日本酒という名前は、いつ名づけられたのでしょうか。

現在、地理的表示として、日本産の米を使って日本でつくられた清酒のみ、日本酒の用語を使っていいことになっていますが、酒税法上では清酒と書くのに、一般的には日本酒と呼ぶのもふしぎです。

私がこんなことを考えはじめたのは、6年前くらいに鹿児島へ行ったことがきっかけでした。私が清酒を日本酒と呼んでいることに対して、とある焼酎の蔵元さんからこう指摘されたのです。

「それは、日本酒じゃなくて清酒でしょう。焼酎も日本の酒なんだから、清酒だけを日本酒と呼ぶのはちがうと思いませんか」

まったくの盲点をふいにつかれて、私はぐらぐらとすっかり動揺してしまったのです。

たしかにそうです。日本では、ほかにも焼酎や泡盛などのお酒が古くからあるのに、清酒だけ日本という国の冠がついているのは、おかしいのかもしれません。鹿児島では、焼酎の蔵元さんだけではなく、焼酎を売る酒屋さんも、ちまたの酒場の店主やお客さんなども、日本酒のことは、ほぼ清酒と呼んでいました。

いらい、私は日本酒の名前についてずっと考えつづけていたのですが、どうやらはじまりは、海外渡航や貿易などを禁じる鎖国を廃止した江戸時代から、文明開化が起こった明治期にかけて見られるようです。

実践女子大学・食生活科学科の教授であり、酒史学会の会長をつとめる秋田修先生が、教えてくれます。

「カナダのバンクーバーで、明治44年頃につくられた酒の広告には、〝日本酒廉価販売〟の文字が載っているので（酒史研究第32号「北米におけるサケ醸造の歴史」より）、北米ではすくなくとも100年以上前から、日本酒の名前を使っていたことは確かです。今のようにいろいろなお酒が普及していなかった当時は、日本のお酒といえば清酒です。日本でわざわざ日本酒と呼ぶ必要はなかったのですが、海外で西洋の酒と区別するために、日本酒と名づけた可能性は高いと思います」

明治期は、海外へ日本人の移住がはじまった頃でもあり、移民先の最初と言われているハワイでは、日本酒をつくる酒蔵が設立され、会社名にも日本酒の名前が使われていたのだと言います。

「現在はないのですが、明治41年にハワイのホノルルで創業した酒蔵は、〝日本酒醸造会社〟と名づけられていたので、日本の酒を製造していることをアピールするためにも、日本酒という名前を使い出したのかもしれません」

また、「外国語の文書を日本語に翻訳したときに、日本酒という名称が誕生したことも考えられます」と秋田先生。

秋田先生に、教えていただいた情報によると、日本酒という名称は明治10年に、内務省の石田為武という人が刊行した翻訳書が初出だと言います。この翻訳書は、イギリス人の工業デザイナーである、クリストファー・ドレッサーが、英国で日本の酒に課せられた税率を下げるために行った提案について、翻訳されたものでした（『日本酒の近現代史 酒造地の誕生』（鈴木芳行著・吉川弘文館）より）。

日本では、焼酎も泡盛も、ビールもつくられていましたが、いちばん歴史が古かった米の醸造酒が、日本を代表するお酒として選ばれたのではないでしょうか。海外のお酒に対して、日の丸を背負ったお酒が、清酒だったのです。

ちなみに、清酒という名前は歴史が古く、天平（729～749年）初期の文献『奉写(ほうしゃ)

経所解(きょうしょかい)』に、清酒の文字が発見されています(『日本酒百味百題』(小泉武夫監修・柴田書店)より)。

その後、清酒の名前が、どのような道を辿ったのかはわかりませんが、酒税法が制定された昭和15年からは、他のお酒と区別するために、米と米麹、水を使った醸造酒は、清酒として分類されるようになりました。

それにしても、改めて考えると、日本酒という名前はずいぶん立派すぎます。

もちろん、日本酒は世界に誇れる立派なお酒ですが、客観的に見たとき、国の名前がついたお酒って、どこか重々しくもあります。

もしかしたら、いまだに「日本酒はハードルが高い」と思われがちなのは、国の名前がついているせいかもしれないと、よからぬことすら考えてしまいます。

うっかりなにも考えずに飲んでは申し訳ないし、つねに襟を正して飲まなければならない。そう、自然に思わせてしまう力が、日本酒という名前にあると仮定すれば、日本酒を飲むためには、ステータスめいたことが必要だと、無言の圧力をかけているのかもしれません。

そのステータスめいたものが、日本酒の価値を上げることにつながるのはいいのですが、近寄りがたい障壁になってしまうのならば、どうにもじれったくなります。

極端な考えですが、国の名前をお酒に名づけている国って他にありますか? 世界のなかでも日本だけですよね。なのに、海外の人たちの多くは、日本酒ではなく「ＳＡＫＥ」と呼ぶではありませんか。なぜ日本酒と言わないのか、ふしぎなことです。発音しにくい語呂だからでしょうか？　考えれば考えるほど、日本酒という名前がわからなくなります。

前出の『日本酒の近現代史 酒造地の誕生』には、

「〝日本酒〟が通り名になるのは、アジア太平洋戦争後の東京オリンピックのころからであろう。昭和三九年（一九六四）に、発酵・醸造研究の世界的権威として知られ、東京大学応用微生物研究所初代所長でもあった坂口謹一郎は（略）日本酒こそ民族の酒であるとし、日本酒の歴史と日本酒がもつ文化的な特質を『日本の酒』で世評に問うた」とある。

時代が進んだ今となっては、焼酎も立派な歴史がある日本のお酒であり、冒頭で書いた焼酎の蔵元さんの言い分も一理ありますが、清酒はこれからもずっと、日本酒として国の名前を背負っていくのです。

第四章

日本酒の今

日本酒をつくる人たち

最近は、むかしにくらべてずいぶんいろんな人たちが、日本酒づくりに関わるようになりました。

日本酒づくりをできる人の幅は、かなり広がったと思う。

蔵元になるためには、酒蔵の後継者として生まれたり婿養子になって後を継ぐ以外は、なかなかむずかしいものがありますが、今は酒蔵をつくる手もあります。清酒（日本酒）の酒造免許を取るためには、とくに新規の場合、現段階の法律上、規制がきびしくて許可が下りにくいのですが、近年は、休業している酒蔵の免許を購入し、日本酒づくりを新たにはじめる人もいます。

蔵人になるならば、もっとハードルが低いでしょう。当たり前ですが、他の仕事とおなじく、適当な気持ちではつとまりませんし、いざやるとなればそれなりの体力や根性も必要になりますが、真面目な気持ちとやる気さえあれば大丈夫。日本酒づくりの経験値がなくても、酒蔵で働くことは可能です。

性別も問いません。そういえば、女性のつくり手もずいぶん増えましたよね。これも近年のことです。むかしの酒蔵は女人禁制であり、日本酒づくりに女性が関わるのは、ありえないことでした。

なぜかというと、神様にお供えするお酒は、もともと女性がつくるものでしたが、大量生産するようになると、力がある男性のほうが働き手として活躍します。活躍するだけだったらいいのですが、いつの頃からか、女は酒蔵に入ってはいけない、という偏ったルールが、男性によって築かれてしまいます。

女性が日本酒づくりをしてはいけない理由とは、月経がお酒をダメにするとか、化粧が微生物によくないとか、男性を惑わせたり気が散るなどという、科学的に証明されていない、ふわっとした確証のないものばかりです。

お酒づくりの期間中（約半年間）は、蔵から出られず、朝から晩までほとんど娯楽がない、働きづめの生活を強いられるため、異性がいては悶々とした気持ちになって仕事に集中できない、というのが女性を遠ざけた本音だったのではないでしょうか。

ところが、日本酒の低迷期がきっかけで人材不足になり、女人禁制は徐々に消えていきました。今では、必要以上に力仕事をしなくていいよう、女性が働きやすい環境を整える蔵元もいて、女性が日本酒をつくることは当たり前になりました。蔵人だけではなく、杜氏をつとめたり、蔵元として活躍する女性も増えています。

むかしは、日本酒づくりをできるのはごく限られた人たちでした。江戸時代に生まれた杜氏制度が、近年まで日本酒の世界では欠くことができない決まりごととして、暗黙の了解で機能していたこともおおきいと思います。

杜氏制度とは、お酒づくりのリーダーである杜氏と、各工程を担う蔵人で構成された職人集団が日本酒をつくる仕組みで、職人集団のほとんどは農家や漁師でした。冬に閑散期を迎える農業や漁業で働く人たちが、出稼ぎをするために結集し、寒くなると酒蔵にやってくるのです。

日本酒づくりはチームで行うものであり、どういう集団が構成されるかは、蔵元の推薦だけではなく、杜氏の人脈に寄るところも多く、身元が知れない人が、日本酒づくりに参加するのはむずかしい。杜氏集団には、蔵元や杜氏のツテがなければ加わることはできない、狭い職人の世界でした。

とはいえ、職人集団と言っても、農家や漁師は出稼ぎすることが第一目的であり、最初から日本酒づくりの仕事を志す蔵人は、そんなに多くなかったのかもしれません。

古老の杜氏たちに「なぜ日本酒をつくる仕事を選んだのですか?」と聞いたことがあるのですが、「小遣いがほしかったから」とか「3食ついて給料がもらえるから」「家にお金を入れるため」など、金銭的な理由を挙げたつくり手もいたのです。

しかし、農家や漁師のような手仕事をしていた人には、もともと職人気質の人が多く、次第に日本酒づくりに傾倒し、次々と酒造技術を習得していきます。なかでも、抜きん出た才能があったり、蔵人からの人望が厚い人格者は、杜氏になることができました。

そういう杜氏たちのなかでも、〝名〟が頭につくようになれば、さらに給料は高くなり、他の酒蔵から引き抜きをされ、蔵を変えるごとに待遇が厚くなっていく杜氏も出てきます。

杜氏制度がつづくと、杜氏の存在はますますおおきいものになります。南部杜氏(岩手)や山内杜氏(秋田)、能登杜氏(石川)などの流派も生まれ、地域によっても、日本酒づくりにつよい独立性が生まれました。それぞれの酒蔵によってつくりかたが異なる酒屋万流が、杜氏制度によって育まれていったのです。

杜氏という仕事は、つくり手のなかでもっとも出世した花形で、どの杜氏がつくるかでお酒の売り上げが変わり、杜氏は飲み手にとって酒蔵の顔でもありました(とりわけ能登四天王と呼ばれる能登杜氏がそれをあらわしていました。「開運」の波瀬正吉杜氏、「満寿泉」の三盃幸一杜氏、「天狗舞」の中三郎杜氏、元「菊姫」の農口尚彦杜氏の4人が、日本酒の世界では名杜氏としてよく知られています)。

いよいよ杜氏は、自分が蓄積してきた技術を他言無用として、金庫のような頑丈な入れ物にしまって鍵をかけ、蔵人はもちろんのこと蔵元にすら手の内を見せることはしません。そうなると、ますます杜氏は神秘で高貴な存在として、名声が高くなっていきます。

しかしながら一方で、本書でもさんざん触れましたが、昭和50年くらいをピークに日本酒の売り上げは下がりつづけ、経営難の酒蔵も増えていきます。日本酒が売れないのですから、つくり手のなかでもっとも給料が高い杜氏を雇うのが、どの酒蔵も年々しんどくなってくるわけです。

よい杜氏がいるのに、日本酒が売れないとは、ずいぶん矛盾した話ですが、おいしい日本酒をつくりたくてもつくることが許されなかった、戦中戦後の米不足がきっかけになり、つくり手も時代の波に翻弄されていきます。

米不足の際につくらざるを得なかった、ベタベタと甘い三倍増醸酒や合成清酒などが、戦後からしばらく経って米不足が解消されても、一向になくならなかったからです。

腕のある杜氏がいたとしても、主に蔵元から求められるのは合成清酒や三倍増醸酒で、米だけが原料の純米酒は利益率が悪いために、ほとんどつくることができません。大吟醸のような高級な日本酒も、全国新酒鑑評会(新酒の質を競うコンテスト)のために少量つくるという状態です。

純米酒や吟醸酒は売るものではなく、一般に流通する市販酒は、安い原価の人工酒を売るのがスタンダードになります。

お酒自体が乏しかった戦後は、人工酒でも飛ぶように売れていたため、それをつくっていれば利益を得ることができました。酒蔵の多くは、ゆっくりと落ちていく消費を実感できないまま、味よりも利益を優先したお酒づくりに傾いていきます。

おのずと、薄利多売の大量生産ができる酒蔵のお酒が市場を席巻し、値段と製造量で勝負ができない小さい酒蔵は大手蔵に、つくった日本酒をタンクごと売る、未納税の「桶売り」の一途を辿ります。

杜氏と蔵人が手塩にかけてつくったお酒が、他の酒蔵のお酒とブレンドされ、素性がわからない状態で売られることも当たり前になりました。大手蔵は小規模蔵からタンクごと「桶買い」した日本酒をブレンドし、自社の銘柄として販売していたのです。

このことについては、いまだに賛否両論ありますが、大手蔵によっては、桶買いする酒質の条件を厳しく設定し、取引する酒蔵に対して、日本酒づくりの技術指導を行っているところもあり、日本酒づくりの技術向上に一役買っていたことも事実です。

自力で売ることができない小規模蔵を助けてきた側面もあるので、一概に桶売り桶買いが悪いとは言えませんが（今でもこの制度は根づよく残っている）、つくり手の腕を生かしきれる仕組みではありません。杜氏は蔵人とともにいい日本酒をつくりたくても、宝の持ち腐れ的な状況に追いやられることも、すくなくなかったのではないでしょうか。

はじめは意欲満々だったつくり手も、やる気を削がれて向上心をなくし、とりあえず要求されたお酒をつくるか、蔵元が見ていない隙に、いかに効率よくラクをして仕事ができるのかを、考えるようになる。ただ仕事をこなすだけの杜氏も出てきます。

言うまでもなく、先ほど挙げた能登の四天王のように、日本酒づくりに心血を注いで名を挙げた杜氏もいます。限られた条件のなかで、なんとか工夫しておいしい日本酒をつくろうと、技術をみがいていき、飲み手を喜ばせる名酒をつくった杜氏もいました。

しかし、日本酒が売れない時勢のなかでふるいにかけられ、やむなく杜氏としての気概を捨ててしまった人は、名杜氏よりもいたのではないでしょうか。そうなると、なし崩し的に蔵人もおなじ状況に追い込まれます。

残念ながら、杜氏制度という由緒ある仕組みは、見た目は立派でも、経年とともに耐震強度がよわまる建物のように、じわりじわりと〝ガタ〟が出てきます。杜氏の能力も向上心の行き場もだんだんなくなっていっただけではなく、先ほど書いたように杜氏を雇うのがしんどくなってきた蔵元は、杜氏制度の存続に頭を悩ませます。

でも、長い間、暗黙の了解として機能していた杜氏制度を、すぐに廃止することはできず、これがいちばんまずいことだったと思うのですが、蔵元は経営だけに没頭していたために、日本酒づくりのことをあまりわかっていません。

多くの蔵元は、杜氏に日本酒づくりのすべてを任せ、お酒づくりの現場に立ち入ることがなかったからです。つまり、杜氏をクビにすれば日本酒をつくることができなくなります。杜氏は職人気質の最たるものでしたから、日本酒づくりに無知な蔵元にノウハウを教えてくれるはずもなく、蔵元は経営が苦しくても日本酒をつくったことがないために、杜氏を雇いつづけなければなりません。

また、ほとんどの杜氏は技術を自分のものとして囲っていたために、杜氏制度の仕組みは後継者が育ちにくく、世代交代も亀の歩みほどゆっくりした時間が必要です。

それこそ私が日本酒に出会った17年くらい前は、日本酒づくりは70歳までつづけて一人前なんてことがよく言われていました。冬に酒蔵を訪ねると、働いているのは職人風の体がたくましいおじいちゃんばかりで。失礼ながら、日本酒はこんなに年をとった人たちがつくるものなのかと、20代の私は軽いカルチャーショックを受けたものです。

杜氏や蔵人の高齢化は進み、世の中の仕事が多様化してきたことで、季節労働者は減り、もはや、杜氏制度そのものを成り立たせることすら困難になっていきます。

杜氏制度に縛られていた蔵元の心境はかなり暗いものになり、経営難に加えて杜氏制度が維持できずに廃業したり、未来を憂えて、自分の子供には別の仕事に就くよう勧める蔵元も出てきます。

自分の代で酒蔵をつぶすことは心情として辛くても、日本酒づくりを教えることすらできず、余計に苦労が目に見えている酒蔵の仕事を、子供に継がせたくない蔵元も増えていきます。

そんなときに、こうなったら自分で日本酒をつくろうと、意を決した蔵元たちが、お酒づくりの現場に足を踏み入れます。

「獺祭」に見られるように杜氏制度を廃止し、蔵元みずから日本酒を手がける仕組みに変える酒蔵が、すこしずつ増えていきます。

なかでも、現在、活躍している30～40代の蔵元に多大な影響を与えた、山形県の「十四代」をつくる高木顕統(あきつな)さんの存在は、崖っぷちにおろされた唯一のロープのように、後継者たちの希望の命綱になります。

高木さんは、蔵元が杜氏も兼任する、〝蔵元杜氏〟として、平成6年に「十四代」をリリースし、しかも大ヒットさせます。

蔵元杜氏というスタイルは、むかしからまったくなかったわけではないのですが、杜氏の存在をゆるがすくらい、つくった日本酒を味でブレイクさせた象徴的な蔵元が、高木さんでした。

酒蔵に背を向けかけていた多くの酒蔵の息子（娘）たちが、「十四代」という希望の命綱を求め、それを踏襲するという形で、高木さんの後につづいていきます。

杜氏だけではなく、蔵元でもおいしい日本酒をつくることができる、という事実は、酒蔵の後継者にとっておおきなおどろきで、夜が明けたばかりの朝日を見たときのような、しんとした喜びがあったのではないでしょうか。酒蔵を継ぐきっかけにもなったでしょう。

そう思ってしまうくらい、「十四代」が誕生して以降、速いスピードで蔵元杜氏が急増します。あっという間に、日本酒業界のなかで言葉として一般的になるほど、蔵元杜氏というつくり手のスタイルが普及していきました。一時は、蔵元杜氏こそが低迷する日本酒業界を盛り上げる、時代の寵児だと語られるくらいに。

現在は、その白熱ぶりは落ち着き、蔵元杜氏に固執せず、酒蔵は今、それぞれがあるべき姿を模索しはじめた段階です。

最近では、むしろ、蔵元と杜氏を別にしたいと考えている後継者の話も、よく耳にするようになりました。

たとえば、若手の杜氏として注目を集めている、岩手で「ＡＫＡＢＵ」をつくる27歳の古舘龍之介さんは、次期後継者ですが、蔵元杜氏というスタイルにはこだわらないと話しています。

「蔵元として酒づくりの全体は見ますが、あとは誰かに任せられるような環境を早くつくりたいと思っています。優秀なつくり手がいたら将来、杜氏をお願いしたいですし、杜氏だけではなく、自ら考えて行動できる優れた蔵人を育てられるようになりたいんです」

自主性を持った優秀なつくり手が増えれば、自然と効率が上がって作業がスムーズになり、結果、それが味に出てくるのだと古舘さんは言います。

「自分が全部やらなきゃ気が済まなかった時期もありましたが、一度、それを経験して思ったのは、酒はひとりでは絶対につくれないことです。いや、ただつくるだけだったら無理すればできるかもしれませんが、余裕がなければすきな酒をつくることはできないですよ。なので、僕は蔵元杜氏になるよりも、いいチームをつくって、いい酒づくりをしたい気持ちのほうがつよいです」

そもそも、経営とお酒づくりでは、電卓と絵の具くらい、必要とされる能力も感性もちがうので、それを兼任するバランス感覚を保つのは、想像しただけでかなりたいへんです。日本酒づくりに集中しすぎてしまえば、どうやって売ったらいいのかが見えなくなり、売ることを主にすれば、満足のいく日本酒をつくれないかもしれない。

経営もお酒づくりも両方、手がけたいという人や、人件費を節約したいと考える人は、蔵元杜氏になるべきです。日本酒の世界には、いにしえから酒屋万流という定礎みたいな言葉があるのですから、日本酒づくりのスタイルもいろいろあっていいと思います。

ただ、信頼できる杜氏がいて雇える余裕があるのならば、無理に蔵元杜氏になる必要はないですし、杜氏の席をあけておくことで、将来、杜氏を目指す蔵人の受け皿にもなります。酒蔵の親族じゃないと杜氏になれない世界は、職業として発展性がなく、コツコツと地道に励む職人的なつくり手が、育つ土壌ができにくくなります。

近ごろはせっかく酒蔵に入ったのにすぐにやめてしまったり、長くおなじ酒蔵で働く人がすくなく、蔵人の入れ替わりが激しいという話もよく聞きます。

根気がない、と言ってしまえばそれまでです。なかには、日本酒づくりの表面的なかっこよさだけを求めて働く人もいるようなので、蔵人がやめてしまう原因は、酒蔵だけにあるわけではありません。でも、長く働く人を増やすためにも、蔵人に対して、次に昇るなにかしらのステージを用意しておくことは、とても大切なことではないでしょうか。

日本酒づくりのノウハウを金庫にしまっていた杜氏制度の時代とちがい、今は蔵元や杜氏同士の技術交流は活発で、互いに教えあう関係に変化しています。つくり手の感覚だけに頼るのではなく、あらゆる工程のデータを数値化し、再現性の高い日本酒づくりも可能になりました。

おいしい日本酒を安定してつくりつづけ、人を感動させる日本酒をつくることは、今でもむずかしいですが、経験が浅い20代のつくり手でも平均点以上の日本酒をつくることができるほど、日本酒づくりは進化しています。本気で酒造技術を学ぼうと思えば、誰にでも扉が開かれているのが、現代の日本酒づくりの世界です。

ですから、これだけよいつくり手が育つ土壌ができているので、素人でも杜氏を目指せる空白をつくることは、日本酒づくりの仕事が魅力ある職業として、さらに発展していくためにも必要だと思います。

そう、恥ずかしいくらい文章を書く素人だった私が、いつか日本酒の本を出したいと熱望したように、杜氏になりたいと真剣に考えている人は、きっとどこかにいるはずですから。

日本酒は売れている？

注目はされているけれど、思うように売れていないのが、今の日本酒です。

国内の出荷量を見てみると、平成10年が113万3000kℓなのに対し、10年後の平成20年になると65万9000kℓに落ち込み、平成29年には53万3000kℓに減少しています（国税庁調べ）。

酒蔵から市場に出る出荷量と、飲み手が実際に購入した売れゆきの数字とはすこし意味合いがちがいますが（出荷量が多くても売れない場合もある）、蔵元は前年比の売り上げで日本酒をつくる量を決めることがあるので、出荷する量が目に見えて減っているということは、明らかに消費が落ちていると考えていいと思います。

安いパック酒やワンカップなどに多い普通酒の国内出荷量は年々減少し、純米酒や吟醸酒などの特定名称酒は数字が伸びていますが、平成28年は17万8000kℓで29年は

17万9000kℓ（日本酒造組合中央会調べ）というように、特定名称酒の出荷量も劇的に伸びているとは言いがたい状態です。

表面的な数字だけで消費を判断するのは早まった考えですが、どの酒蔵からも日本酒が売れてしかたがない、というような景気のいい話があまり聞こえてきません。前年比の売り上げがよくても、ややプラス、といった酒蔵が多そうです。

しかしながら、改めてこういう状況を目の当たりにすると、私は、おや？　と首をかしげたくなってしまいます。すくなくとも、2020年に開催される予定だった東京オリンピックが、いや、東京オリンピックの開催までが、日本酒の消費を上げる鍵を握っているはずでした。

オリンピックの東京開催が決まった平成25年。日本酒業界が消費を上げる絶好の機会ということで、日本酒に携わる各団体がさまざまなPRを検討していたことでしょう。私は直接、こういう組織に関わり合いはないのですが、外野から見ていて、期待たっぷりのソワソワ感みたいなものがよく伝わってきました。

日本という冠をつけた唯一のお酒です。東京オリンピックは、日本酒を国内だけではなく世界にアピールする契機であり、日本酒の消費を上げるチャンスであり棚からぼたもち的なものでもあり、なかには、なぜか日本酒の消費量は、東京オリンピックがピークなんて言う人もいました。

ところが、予想に反して、現状は先ほど書いた通りです。

私は、東京オリンピックがピークだとは思っていませんでしたが、もうちょっと日本酒の国内消費が上向きになることを予想していたので、なんだか拍子ぬけしてしまいました。これでは、出発する前にガス欠しているようなものです。

ただ、冒頭で書いたように、日本酒の注目度は高いままです。東京オリンピックの開催が決まる以前よりも、〝商材として〟日本酒は多くの人たちに求められるようになりました。

異業種の有名企業と酒蔵がタイアップしたり(和菓子メーカーと日本酒、アウトドア用品と日本酒など)、著名人が日本酒の開発を手がけたり、人気レストランとコラボしたりと、華やかな世界の人たちが、日本酒業界に五月雨式に参入してきています。

とくに、日本酒のイベントはものすごく増えましたよね。全国では年中無休のごとく、ちまたの居酒屋から大規模な会場まで、大なり小なり毎日のようにどこかで日本酒の催しが開催されています。とある知人がなんの気なしに数えてみたところ、全国で同日に100のイベントが重なっている日があったそうで、聞いたそばからたまげてしまいました。

こういうことは、むかしの日本酒の世界では考えられなかったことです。それだけ、世間では日本酒に注目している人が多く、日本酒で商売をしようと考えている人もたくさんいるのでしょう。

しかし、あの手この手で日本酒を世間にアピールしているのにもかかわらず、おおきな消費につながっていないのは、なぜなのでしょうか。

もちろんＰＲの意味がまったくなかったとは思っていませんし、多くの販促活動によって、これまで日本酒に馴染みがなかったたくさんの人たちが、日本酒を〝知る〟きっかけにはなったでしょう。

でも、結局、多くの人たちが実際に日常で飲んでみようと、手を伸ばすまでには至っていないのです。

ここに、売り手と飲み手が求めているもののズレを感じてしまいます。

このズレが、どんどんおおきくなってきているところに、消費が伸び悩む理由があるような気がしています。

くり返しますが、日本酒が売り手からも飲み手からも、注目されつづけていることはまちがいありません。あらゆるセールスプロモーションを頻繁にできるのも、毎日のようにイベントを開催することが叶うのも、日本酒に対して関心がある人たちが多いからです。

問題は、全部が全部そうじゃないにせよ、大半のＰＲ活動が飲み手にとって、ハレの日のお祭り的な特別感をもたらすものとしてしか、ほとんど機能していないところにあるのでははないでしょうか。

このまま、売り手と飲み手の求めているもののズレを考えずに、販促活動をつづけると、日本酒は日常性を失っていくと思います。

日本酒は価値のわかる人だけが飲み、日常性はいらない、と考える人もいるかもしれませんが、こんなにおいしくておもしろい日本酒を、特定の人だけが手にできるお酒にするのは、私としてはあまりにもさびしい。

日常性を失ってしまえば、飲まれる機会がすくなくなり、必然的に消費も減っていくのではないでしょうか。つまり、世間の多くの人たちにとって、日本酒はふだんに飲むものではなく、特別な日に飲むお酒に偏っていく可能性があるということです。

たとえば、無尽蔵に増えている、日本酒イベントの多さがそうなる可能性を象徴しています。

いつでもいけるほど開催の機会が多く、ほとんどのイベントが会費制で飲み放題なのですから、たらふく飲んでしまえば日本酒はしばらくいいや、となるのは自然の成り行きです。日常的に日本酒を飲まない人はなおさらです。ふつうの飲み手からしたら、日本酒はイベントという特別な日に飲むだけで、正直、お腹いっぱいになるでしょう。

日本酒愛好家だって、イベントに通うことが多くなれば、ふだんの生活でまったく飲まなくはないけれど、日本酒を飲む頻度が落ちていくのは目に見えています。

いつだったたか、誰かのSNSで「来週は〇〇の日本酒イベントがあるので、その日に備えて最近はがんばって休肝日を継続中です!!!」とか「今月はイベントが多いからお酒を控えなきゃ♥」などという投稿を見て、思わず噴きだしてしまったことがあります（加えて〝いいね〟の嵐でした）。

イベントが急増するにつれ、いちばん恐れていたことを目の当たりにして、触れられたくない急所を一気に突かれたような気持ちになりました。

なにもイベント自体を否定しているわけではないですし、なかには目的意識を持ち、日本酒の魅力がちゃんと伝わる有意義な催しもあります。日本酒を通じて、主催者も参加者も一緒にたのしめるような集いならたくさんあったほうがいいのですが、ただお得に日本酒をたくさん飲めるだけのイベントも、おなじくらいあるのが現実です。

ふだんから日本酒をよく飲んでいたり、日本酒イベントに慣れている人ならばいいのですが、日本酒を飲み慣れない人が、酔っ払うだけのイベントに参加するとどうなるのか。

たいていが、飲むペースをつかめずに量が過ぎて会場やトイレを汚したり、稀なことではありますが、最悪は倒れて救急車で運ばれるケースもあります。とりわけ、日本酒初心者を歓迎していたり、大人数が参加するイベントでは、泥酔者が会場に迷惑をかけることがあります。本来、魅力をアピールしたい日本酒に馴染みのない人たちが、そうなってしまうのは心が痛みます。

泥酔しなくても、ただたくさん飲めるだけのイベントでは、翌日になにを飲んだかすっかり忘れてしまった、ということも多いでしょうから、日本酒にとっても日本酒をつくる蔵元にとっても、不憫でしかないと思ってしまいます。

そういえば、コストパフォーマンスだけを考えると、会費制の日本酒のイベントほど、お得な催しは他になかなか見当たらないです。数千円払えばいろいろと飲めて、しかも、蔵元が参加するイベントで飲める多くは、酒蔵から直送された鮮度がいいものです（おまけに蔵元にお酒を注いでもらえる場合もある）。

かなり身も蓋もないことを言ってしまうと、〝味だけ〟を求めるならば、時間の経過で酒質が変化しやすい日本酒は、イベントで飲んだほうがよっぽどいいと思われてもしかたがありません。日本酒が日常性を失いつつある今、たまに飲むならば、品質が保証されているイベントにいったほうがいい、という飲み手が増えても、ふしぎではありません。

一方的にただ餅をばらまくだけのような、安易なイベントがもっと増えてしまったら、日本酒の消費は大丈夫なんだろうか、と考えてしまいます。そう案じてしまうほど、日本酒のイベントは年間を通じてものすごく多いのです。

日本酒の注目度が高いおかげで、イベントを開催すれば集客ができて利益を出しやすいため、目先の商売にはなるかもしれませんが、長いスパンで考えると、イベントの消費に頼った売れかたというのは、危ういものがあります。

現在だって、イベントは増えているのに、出荷量は減っている状態で、もしかしたら、イベントの消費が出荷量を支えているのではないかと思ってしまうくらいです。極端な話ですが、仮にイベントを誰も開催しなくなったら、日本酒の出荷量はどうなるのか、想像しただけで不安になってしまいます。

そう危惧していたら、2020年のはじめから世界的に猛威をふるっている、新型コロナウィルスのせいで、ほとんどの日本酒イベントは中止か延期になり、蔵元さんたちによると、現在（2020年3月の時点）出荷を制限されている酒蔵が多いと聞きました。

この影響は、すでに日本酒の消費に確実に暗い影を落としていて、ボディブローどころか、ノックダウンしかねないほど、酒蔵だけではなく、日本酒を売る酒販店や飲食店にも痛手を負わせています。これから、日本酒の消費がどうなるのか、不安でしかありません。

また、近年、新たな日本酒ファンを得るために提案している、日本酒になにかを足して調合したり、和食や居酒屋のつまみだけではなく、洋食やエスニックの要素を取り入れた料理と日本酒を1対1で合わせて飲む、ペアリングと呼ばれる手法なども、日本酒業界では人気ですが、日本酒にハレの日の特別感をもたらしたものの、個人的にはいささか食傷気味です。

この手の取材をしたり、ふつうに店にいって経験したこともあるのですが、へえ、こんな風に素材と日本酒を合わせるんだ、と感じるおどろきもありましたし、単体だといまいちピンとこなかった日本酒がおいしくなったりと、新しい発見をするのはたのしくもありました。

でも、特別な空間で、しかるべきサービスマンのもと体験するからこそたのしいのであって、ふだんから、いちいち料理と合わせることを考えながら飲むのは、けっこうくたびれるのではないか、とも感じました。

どんな料理にも寄り添ってしまう日本酒を、こういう風に飲む必然性みたいなものが、自分のなかでしっかり見つかっていない、ということもあります。

日本酒をたのしむための、新しい切り口にはなったので、考えた人はすごいなあと素直に感じているのですが、いつもそんな飲みかたをしていたら、無精な私は疲れてしまう。特別な日に飲む日本酒という感じで、たまにはおもしろいのですが、日常的に日本酒を飲んでいる自分としては、本来、そういう飲みかたは日本酒のあるべき姿ではない気がして、妙によそよそしい気持ちになってしまいます。

すくなくとも私はふだんの日本酒に、格式ばったものや能書きは求めません。親しい友人に会うように、いきつけの酒場にふらりと顔を出すような気楽さで、ふだんから日本酒と付き合っていたいと思うのです。

くどくどと愚考を書いてしまいましたが、このように、日本酒を売るためにいろんな人たちが、いろんなことを一生懸命に考えているのですが、どうやったら日本酒の消費が上がり、もっと日常で飲まれるようになるかは、正直、私のなかでもはっきりした答えは出ていません。

けれども、日本酒をたのしむための新しい切り口を提案しつづけるのと同時に、日本酒にしか受け止められない〝なにか〟を深く考え、伝えていくことは、消費を上げるためにもっと大切な気がしています。

おいしそうな刺身を目の前にしたとき、タラの白子ポン酢を口いっぱいにほおばったとき、ホッキ貝をさっと炙ってもらったとき、味がしみたイカ大根を噛みしめたとき、アサリの酒蒸しの出汁をすすったとき、蕎麦屋でつゆの匂いをかいだとき、ひとりで湯豆腐を食べるとき、友人や家族と鍋を囲んだとき、桜並木をとぼとぼ歩いているとき、真冬の寒い帰り道にまんまるの月を見上げたとき、寝る前にすこしだけ口がさびしいとき。

その〝なにか〟がゆらりと目の前に現れ、私はまっしぐらに日本酒へ走ってしまいます。

海外の人たちと日本酒

日本酒の国内消費が冷え込んでいるのにくらべて、海外への輸出量は順調に伸びつづけています。

日本酒造組合中央会によると、２０１８年度（1～12月）の清酒輸出総額は２２２億３１５０万円を超え、９年連続で輸出総額が増加しています。

この数字がどのくらいすごいのかは簡単に想像できないのですが、10年前にくらべると輸出総額は約3倍に増えていると言います。海外の和食とくに寿司の人気が、日本酒の需要を増やしていると考えられています。

世界経済に打撃を与えている新型コロナウィルスが原因で、日本だけではなく海外における日本酒の消費も落ち込むことが予想されますが、すくなくとも、今後、国内よりも活路を見出せる可能性は高いと言われています。

冷蔵設備が整った状態で輸出できなかったすこし前までは、暑い夏や熱帯地域を通過するときに高温にさらされ（熱燗にされるようなものだとか）、目的地に到着した頃には、酒質が激しく劣化していることが多く、日本酒の輸出に消極的な酒蔵もけっこういたと思います。現在は、冷蔵庫を完備したコンテナーで輸出することが可能になり、ひとまず現地に着くまでは品質が保証されるため、海外で日本酒を売りたいという酒蔵が、だいぶ増えているのです。

国内の消費をあきらめ、望みがない日本はもう終わりだ、くらいの見切りをつけている蔵元もいて、日本人としてずいぶん悲しいことだなあと思ってしまうのですが、ともあれ、輸出が好調なのですから、今後、海外に多くの日本酒が流出していくことは止められないでしょう。

とはいえ、日本酒の輸出が伸びつづけているので、海外では日本酒がブームというニュースを定期的に目にしますが、まだまだ一般的に飲まれるまでには至っていないようです。関税のせいで値段が高いだけではなく、販路が整っていないために、日本でおいしいと言われている人気の銘柄を気軽に飲むことは、むずかしい。

さらに、先ほど書いたように、ひとまず日本からどこかの現地に着くまでは品質が保証されますが、そのあとが問題です。

日本酒を冷蔵庫で保存していない、もしくは、日付が古くても開封してからだいぶ時間が経っても、酒屋で販売していたりレストランで提供していたりと、日本酒をベストな環境で飲める状況にはあまりなっていないというのです。

日本酒を輸出し、海外でPR活動をしている蔵元さんたちによると、おいしい日本酒を飲める環境が整っている店はまだ限られていて、劣化したものを口にすることも多いそうです。たまたま入った店で、自分の酒蔵の日本酒を見つけて大喜びで飲んだところ、お酒が激しくヒネていて（焦げて蒸れたような不快な臭い）閉口し、こんなものがうちの日本酒だと思われてはたまらない、と真っ青になったという蔵元さんもいました。

どちらかというと、管理に気をつかわなければならない冷酒タイプが、海外の市場では多く出回っているので、常に寒い地域でないかぎり、高温だったり直射日光が当たる場所だったりと、日本酒にとってこのましくない環境に置かれてしまうことは、日本よりも多いのかもしれません。

日本酒を広めるのと同時に、どうなれば日本酒が劣化するのか、冷酒なのか燗酒なのか、酒質によって、保存法や適正な飲み頃を海外でも伝えていくことは、今後の課題なのだと思います。

世界は広いので、日本酒がどういう扱われかたをしているのかは、気候や飲酒文化が異なる国によっておおきな差がありそうですが、もしも、海外で飲める日本酒が、今ひとつのものばかりだとしたら、ほんとうにおいしい日本酒を口にしているのは、まだひとにぎりの可能性もあります。

蔵元を招いた展示会やイベントにいけたり、日本酒をちゃんと管理している店に運よく出会えた人以外は、日本酒のことをいったいどんな風に感じているのか、ますます気になります。まずくはないけど、日本酒はまあこんなもんか、と思われていたらちょっと、いや、かなり暗い気持ちになってしまいます。

でも、おいしい日本酒の力は、日本人としてもっと信じていたいと思います。なぜなら、輸出が伸びているだけではなく、近年は外国人の造り手による日本酒も、ゆっくりと根を生やすように、着実に増えているからです。

ゼロから日本酒の酒蔵をつくることは簡単ではありません。原料の米の調達にはじまり、良質な水や広い敷地の確保、清潔な設備、日本酒づくりの長い工程に必要な機械を揃えるなど実質面だけではなく、難解な酒造技術を習得することも必要です。時間もかかるしお金もかかる。日本酒づくりに興味がない人たちからすれば、なんて面倒なものづくりなのかと、お手上げ状態になるはずです。

ところが、日本酒のおいしさは、あらゆるハードルを乗り越えてでも、〝つくってみよう〟

と海外の人たちを突き動かします。

元金融アナリストと、元生化学者がアメリカのブルックリンで立ち上げた「Brooklyn Kura」や、フランス人が地元のローヌ・アルプ地方でつくった「昇涙（しょうるい）酒造」などは、すでに日本酒業界でも話題になっている日本酒で、口にした日本酒愛好家も多いかもしれません。

私も飲んだことがあるのですが、期待を上回る酒質で、丁寧にきちんとつくられた真面目な味がしました。日本酒に対する敬いや、慈しみのような気持ちも伝わってきました。「Brooklyn Kura」は、どことなくビールのホップを感じさせるハーブのような香りと（実際にドライホップを使った日本酒もあるらしい）、クリアな酸味が飲んでいてうきうきするようなポップスな印象です。

一方、「昇涙酒造」の〝生酛・一心〟は、なめらかで透明な質感が心地よく、ほんのり甘い上質な蜜感があり、燗酒にすると甘みがしっとりと口に広がるお酒でした。

海外のつくり手がこんな風に日本酒をつくってくれるのは、ほんとうにうれしい。湯たんぽをお腹に当てたときのように、じわぁっとあたたかい気持ちになります。これまで、日本酒をつくりあげてきた先人たちや、今のつくり手が積み重ねてきたものが花ひらいたようで、なおさら日本酒がまぶしく見えてしまいます。

日本酒づくりは決して簡単ではないのですが、やる気と地道な向上心さえ失わなければ、国籍を問わずに誰でもおいしい味をつくることができるのです。それを可能したのは、日本人のつくり手が、長い時間をかけて、確かな醸造の方程式や理論を築きあげてきたからです。これって、すごいことだなあと、改めて日本酒に惚れてしまいます。

今やアメリカやフランスだけではなく、メキシコやスペイン、ニュージーランド、ベトナムなど、世界各国で日本酒蔵はうねりをつくるように増えていて、将来、日本でワインづくりが盛んになったように、世界で日本酒が当たり前につくられる時代も夢ではないと思います。

輸入した値段が高い日本酒よりも、地元でつくったばかりの日本酒が手頃に飲まれるようになれば、日本酒のおいしさが世界中にもっと伝わるのではないでしょうか。

そう考えると、日本の日本酒蔵もうかうかしていられなくなります。海外の人たちに本物のおいしい日本酒を知られてしまえば、今は輸出が好調だからいいにせよ、ゆくゆくは日本産の輸入した日本酒が、そっぽを向かれることだってあります。

日本の酒蔵では、「獺祭」が輸出とともに、鮮度のよい日本酒を現地の人たちに広めたいと、一石を投じる取り組みをはじめています。現在、アメリカのニューヨークに、日本産の山田錦の他、アメリカで栽培している山田錦を原料にした「Dassai Blue」をつくるために、酒蔵を建設しているのです（２０２１年完成予定）。

このように海外に酒蔵をつくるところから、日本酒の販路を考える流れもあり、今後、世界で日本酒を売るためには、品質のいい日本酒をどうやって流通させるのかを考えていくことが、ますます重要になってくるはずです。

そして、輸出が伸びつづけているために、日本の政府がいよいよ、日本酒の製造免許の取得を緩和することになりました（2019年11月時点）。海外に輸出する日本酒にかぎり、新規の酒蔵をつくることを認めるというのです。

今まで新規の製造免許は、特例をのぞいて取得することは不可能で、新たに日本酒をつくりたい場合は、稼働していない酒蔵の製造免許を買ってゆずり受けることでしか、日本酒づくりの新規参入はできませんでした。代々つづいてきた酒蔵が、すこし言いかたは悪いですが、日本酒づくりの仕事を長らく独占できたわけです。

それが、ここにきて、決して動かぬ岩山が不気味な音を立てて動きはじめるように、製造免許が緩和されるという事態になりました。今は海外の輸出用のみ、と制約が設けられていますが、国内で売るためにつくる日本酒の製造免許も、緩和されるのは時間の問題でしょう。新規参入の酒蔵が増える可能性が高まり、歴史がある酒蔵の間では、さまざまな意見が飛び交っています。なぜなら、国内には稼働していない酒蔵が、約500蔵もあるからです。

その500蔵を宙ぶらりんにさせたままで、製造免許を緩和することに、疑問を投げかけている蔵元はすくなくありません。稼働していない酒蔵の免許をいったん返上してもらうとか、新規参入を望んでいる人たちに斡旋するとか、そういう解決策がなにもないまま、製造免許を緩和する必要がほんとうにあるかどうかは、私も首を傾げてしまいます。

先ほど指摘したように、もしもなし崩し的に、国内向けの製造免許も緩和されれば、日本酒の製造は過剰になり、日本酒余りになってしまう可能性もあります。今でも国内の出荷量は、減少しつづけているのですから。

これからは、海外も含めて、今まで以上に日本酒の生存競争は激しくなり、既存の酒蔵は足元をしっかりと固め、しなやかに変化していくことが求められると思います。

戦前戦後とはちがった混沌とした時代は、すぐ目の前に迫っています。そんななかで、代々つづいてきた日本の酒蔵は、どんな日本酒をつくっていくのか。私は注目していきたい。

おいしい日本酒とは

おいしい日本酒とは、いったいどういう味ですか？　そう聞かれることがしばしばあります。正直、日本酒のおいしい味をひとことで表現するのは、とてもむずかしい。私が日本酒に出会って以来、ずっと考えつづけてきたテーマでもあります。でも、自分のなかでゆるがないおいしさの基準みたいなものが、いくつかあります。

まず、単純に、〝飲みもの〟としておいしいことを、第一にあげたいです。当たり前すぎることで、なぁんだと思われるかもしれませんが、これって私のなかでものすごく重要なことです。

シンプルに飲みものとして優れている味が、おいしい日本酒なのだと思います。つまり、口にして、ほんの数秒でおいしいなあと素直に感じることができるかどうか、です。米の品種や製法などのスペック、限定などの希少性も関係ない。

日本酒をおいしいかどうか判断するのに、むずかしいことなどなにもないのです。

どれだけ日本酒を飲んだことがあるのか、あるいは知識を持っているのか、というような経験値がないと、おいしさがわからないみたいなことを言う人もいますが、ふだん飲むときに、そんなことはまったく必要ありません。

むしろ、日本酒を飲み慣れていない人のほうが、おいしいかそうじゃないのか、判断する感覚が鋭いのではないでしょうか。

そうは言っても、飲みものとして優れている味とはどういうものなのか、人それぞれ意見がわかれるところですが、私としては具体的な味というよりも、スッと喉を通るかどうか、喉ごしでおいしさを判断することがほとんどです。

冷酒や燗酒、熟成酒など、どんなタイプの日本酒でも、喉が拒否するような引っかかりがあるものは、優れた飲みものとは言えないと思います。感じかたは人それぞれなので、ご自身がスッと飲めるものが、その人にとっておいしい日本酒なのではないでしょうか。

ごつごつした喉ごしをすきな人もいるかもしれませんが、私は喉がいがらっぽくなるよりも、歌でも口ずさみたくなるような、ルルル〜ッとよどみのない喉ごしのほうが、飲んでいておいしいですし、気分が上がります。

この日本酒の喉ごしは、酒蔵の姿勢がつくるものだと思っています。

入り口と出口にたとえると、飲み口（入り口）はつくり手の個性がつくり、喉ごし（出口）は酒蔵の姿勢がつくるもの、ということです。

どんな香りなのか、甘いのか酸っぱいのか、重いのか軽いのか、飲んだ入り口で感じるものは、つくり手が〝こういう味にしたい〟と個性を意図して、つくるものではないでしょうか。

反対に、出口の喉ごしは、酒蔵の姿勢が出てしまうものです。気持ちよい清潔な環境で日本酒をつくれているのか、機械や道具のメンテナンスをしっかりできているのか、しぼったあとの工程を緻密に行っているのか、完成したお酒を適正に管理しているのか等々、ふだんの仕事の姿勢みたいなものが、喉ごしに出てくると、勝手に想像しています。

〝酒は蔵なり〟であり、酒蔵のスピリットは、出口の喉ごしに反映されるのではないでしょうか。

そう考えると、酒蔵の姿勢は、品質にも直結します。市場で広く流通しても品質をきちんと保っている日本酒も、私がおいしいと判断するお酒です。第2章の「しぼる。そしてそのあと」（P177）で書いたように、いつどこで飲んでも酒質の印象が変わらないことは、私にとっておいしい日本酒の条件の上位です。

たとえばある銘柄が、可憐な香りが個性なのに、おなじものを別の場所で飲んだら、すっかり様変わりしていた、なんてことでは困るわけです。

いつもおなじ味のお酒はつまらないと言う人もいますが、意図的にバラバラの酒質をつくっているわけでもないのに、蔵元の思惑とはちがう酒質の変化は、日本酒からほころびが出るようなものです。

華やかさが親しみのある落ち着いた香りになっていたり、空気に触れて甘さがふくよかになったりと、これはこれでいいよね、というような前向きな様変わりだったらいいのですが、明らかに精彩を欠いてしまったものは、飲んでいて気持ちがどんよりしてしまいます。

酒蔵の姿勢が軟弱だと、スポーツでいう基本のフォームがしっかりしていない酒質になり、置かれる環境によって酒質のよしあしが変わりやすく、流通する過程ですぐにへこたれるお酒が多い気がしています。あくまでも、個人的な解釈ですが、フォームがしっかりしている日本酒は、いつ口にしても、飲みものとしておいしく、ブレのない安定した酒質ばかりです。

こんなことを書いたら蔵元にムッとされるかもしれませんが、私がイベントやなにかしらのコンテストの審査で、日本酒を唎き酒するときは、話半分に聞くようにしています。こういうときに口にするほとんどは、酒蔵から直送された日本酒ばかりなので、おいしいのは当然じゃないですか。

だからと言って適当に唎き酒をするわけではなく、私がもっとも着目しているのは、その場でおいしいかどうかだけではなく、迷路のような市場で出回ったときに、果たしてこのお酒がどのように変化し、また変わらないのか、フォームがしっかりしているかどうかなのです。

というようなことを、つらつらと毎日考えながら、ちまたの酒場や自宅で日本酒を飲んでいますが、おいしい日本酒にたくさん出会ったおかげで、よくも悪くも私はすっかり口が肥えてしまいました。生意気ですが、自分が飲んでおいしいと思わないと、どんなに酒蔵の歴史が長かろうが、取り組みが素晴らしかろうが、応援したいとか書きたいと、心を動かされなくなってしまったのです。

自分がメディアなどでおすすめする日本酒に責任を持ちたい、ということもあります。「はじめに」で書いたように、私はたったひとくちの日本酒で運命が変わりました。だからこそ、怖いのです。みなさんのひとくちが。そのひとくちを想像すればするほど、心配で鼓動が激しくなります。日本酒を飲むたびに、私は誰かのひとくちを思わずにはいられません。そのせいもあり、ときに非情なほど、おいしさをつくり手に求めてしまうこともあります。

でも、ふり返ってみると、心を動かされるおいしい日本酒をつくる酒蔵は、どこもすばらしいところばかりで、つくり手も真摯で熱い魅力的な人たちばかりです。なので、日本酒を味でしか判断しない私のスタンスは、これからも変わらないと思います。日本酒のまるごと応援団になれないことは、ちょっぴりさびしくもありますが。

私が日本酒を選ぶ基準は、

一に味、二に味、三も味、なのです。

すきなものを飲めばいい

ここまで、日本酒のあらゆることについて、ときにはまわりくどく書いてきました。でも、結局のところ、すきなものを飲めばいい、というのが私の本音です。あえて言うほどのことでもないかもしれませんが、ほんとうにそう思うのです。

というのも、今までの日本酒の世界を見ていると、プロであれふつうに飲む愛好家であれ、どうもすんなり、すきなものを飲めばいいよね、とフランクに飲む人同士が交流しているとは、言いがたい状況だったからです。

日本酒の世界に足を踏み入れたばかりの頃、私がまずおどろいたのが、派閥みたいなものがあったことです。

日本酒の狭い世界の話なのですが、私が〝すきなものを飲めばいい〟という境地にたどり着いたのは、派閥問題を肌身で感じたこともひとつのきっかけだからです。

その派閥みたいなものとは、純米酒とそれ以外の日本酒（普通酒や本醸造、吟醸酒など）や、フレッシュ系の日本酒と熟成酒、冷酒と燗酒などの対立です。これらの対立は、すこし前にくらべたら表面的に軟化したように見えますが、基本的には互いに相いれず、いまだに排他的な空気が漂っています。

ひとことに日本酒と言ってもピンキリですし、スペックがバラバラなので、すべてをおなじ日本酒としてくくることは無理がありますが、それにしても。

市販のルーを使った家庭的なカレーもスパイスを調合した本格派のカレーも、どちらも各々によさがあるように、日本酒もいろいろあっていいですし、すきなものを自由に飲むのがいいなあと思っていた私は、そうとう面食らったのです。

日本酒をすきになればなるほど、狭い日本酒の世界で、あらゆる対立軸を見るのは、私にとって決して心地よいものではありませんでした。それを実感するたびに、心に鉛をぶら下げているみたいに、重く悲しい気持ちになりました。飲んでいてちっともたのしくないんです。

個々に主張したいことは理解できますし、大切にしたい思いは、人によってちがうことは当然のことです。でも、日本酒を飲んでたのしくならない、心地よく酔えないことは私にとって、日本酒を飲むのをやめたほうがいいと悲しくなるくらい、致命的です。

それに、飲んでたのしくならないお酒の世界に、新しいファンがついてくれるでしょうか。どんなに理屈をこねても、たのしいところに、必ず人は集まるのです。

私は、日本酒はいろいろあったほうがいいと思う。おいしければ、どんな日本酒もすきだからです。

今は、それぞれの酒蔵が表現したい日本酒を、努力すれば誰もがつくれる時代です。そう考えると、酒蔵はもっと〝すきなものをつくればいい〟と思うのです。日本酒業界では、売れる日本酒について議論がされることがありますが、どこか不毛な気がしています。たしかに、商売としてある程度は売れるための酒質を考えることは必要ですが、今の時代にそぐわない味だったとしても、蔵元がすきな日本酒をつくることは、もっと大切なのではないでしょうか。

人間で言うと、自分の主張がない日本酒は、どう飲んでいいのか、誰にすすめていいのかわからず、多くの銘柄のなかに埋もれてしまうのではないでしょうか。パッケージをいくらよくしたところで、なにが言いたいのかわからない日本酒は、退屈で、飲み手の心を動かすことなどできないのです。

反対に、蔵元がすきな味をつくっているなあと感じる日本酒は、明らかになにかが、ちがう。飲んでいて、気持ちがわくわくしたり、気分がふわっと上がるうれしさがあります。思い込みと言われればそれまでかもしれません。でも、今までさまざまな日本酒と付き合ってきましたが、固定のファンがいて、着実に売れている銘柄の蔵元はやはり、自分がすきな味をちゃんと追求しています。

心情的にも、売るために仕方がないという感じでつくられたお酒よりも、蔵元がすきでつくっている日本酒のほうに私は手が伸びます。純米酒だろうと吟醸酒だろうと熟成酒だろうと、どんな酵母や酒米を使っても、どのようなつくりかたをしても、自分のすきな味を突き詰めている日本酒ならば、すすんで飲みたくなります。

ですから、しつこいようですが、余計に飲み手のみなさんは、〝すきなものを飲めばいい〟のです。有名無名もスペックも関係ない。

むかしとちがって今は、どこの地域だから日本酒がおいしい、ということもありません。北は北海道から南は九州まで、おいしい日本酒をつくる酒蔵はどこにでもあります。気候や水質など、酒蔵によって多少、立地の優劣はありますが、工夫をすれば不利な境遇を克服できないことなどないのです。それくらい、今の日本酒づくりの仕組みは完成度が高く、ゆるがないものがあります。

日本酒のイベントなどでセミナーをしたときに、たとえば、私が生酒の生ヒネ（蒸れて焦げたような匂い）が苦手なんてことを冗談まじりに話すと、終了後に「私は生ヒネがすきなんですが、ダメですか？」みたいなことを真剣に聞かれたりして、おどろいてしまうことがよくあります。批判するのではなく、たんに自分の嗜好を言っただけなのに、こういう風にとらえる人がいるということは、まだまだ日本酒の世界は〝こうあるべし〟みたいな、見えない束縛があるのかもしれません。

あるいは、たまたま出会った日本酒の世界の人たちと、自分の嗜好が合わず、意見を否定されたことがきっかけで、自分の舌を疑っている人もいるかもしれません。

私からすれば、ダメもなにも、すきで飲んでいるお酒に対して、どんな日本酒でも非難するつもりはまったくありません。むしろ、自分がふだん飲まないタイプの日本酒に対して〝すき！〟と主張されると、じゃあ、今度、飲んでみようかと興味が湧いたりするので、批判し合うのでなければ、意見のちがいはおもしろいですよね。

これからは、蔵元はすきな日本酒をつくり、飲み手はすきな日本酒を飲めばいい。

つくり手の数だけ世のなかにちりばめられている、さまざまな日本酒は、今もどこかで、あなたに飲まれるのを待っている。

おわりに

日本酒のことばかり書いてしまいましたが、最後まで読んでいただき、ありがとうございます。

この本は、日本酒の今とむかしについて、私のなかで散らばっていたカケラを集めるように、ひとつひとつ紐解いたり編み直したりして書いたものです。

今まで、日本酒のことをさまざまなところで書きつづけてきましたが、実は、どの章もここまで距離を縮めて日本酒に迫ったのは、はじめてのことです。

私の初作である『蔵を継ぐ』のように、つくり手の理念や思想に迫ったことはたくさんありましたが、日本酒そのものに虫眼鏡を当て、私の心に留まったことをピンセットで丁寧に取り出すみたいな作業を、本書で試みたわけです。

長きにわたり、私を夢中にさせている日本酒について、改めて深く考えてみたいと思ったことや、つくり手たちと深く付き合ううちに、彼らが理念について話すのとおなじく、いや、それ以上に熱っぽく語る日本酒づくりについて、もっと知りたいと興味が湧いたのが本書を書く原点です。

表面的な知識だけを持っている自分への苛立ちや、日本酒づくりを熱弁する彼らから取り残されたような気持ち、それは、ちょっとした焼きもちを妬くような、いい意味での前向きな葛藤も、最初の原動力になりました。

私がふだんの生活で日本酒に対して考えていることや、前々から書いてみたいと思っていた、日本酒ができるまでの歴史についても、この際だから勉強し直すつもりで虫眼鏡を当ててみよう、と漠然と考えて取り掛かったのですが、なかでも日本酒づくりや歴史については、途中から〝しまった〟と汗をかくことになります。

日本酒づくりの工程も歴史も、まず自分自身が系統的に基本を理解し、酒屋万流のつくり手たちの考えと照らし合わせながら、私がなにをどう感じたのかをまとめるのは、遅筆の自分のせいでもありますが、たいへんでした。

日本酒を知らない人でも理解できるだろうか？　おもしろいと思ってもらえるのだろうか？

なんども自問自答しながら書くのは、途方に暮れるときもありました。

おぼつかない手でセーターを編むように、ときには編んだものを解いて編み直すことをくり返したために、予想以上に時間がかかってしまい、時間をかければいいってものでもないのですが、気がつけば約2年の歳月が流れていました。

でも、しんどいときを上回るほど、今までわからなかったことを、知ったときの喜びはおおきく、すとん、と腑に落ちた瞬間は快感ですらありました。

そして、私はまだまだ日本酒について書きたいことがある、ということを、身をもって実感できる毎日は、振り返ってみても、とても幸せな時間でした。

それにしても、本書には日本酒のことについて、内容をみっしりと詰め込んだために、いささかカロリー過多になってしまったと思っているのですが、すこしでも日本酒をすきになったり、日本酒を飲んでみたいと手が伸びるきっかけにしてもらえたら、とてもうれしい。

なかには、私の主観がつよい部分もあるので、そこはちがうんじゃないかと、感じる内容もあるかもしれません。日本酒づくりの工程については、あくまでも登場したつくり手の〝俺流〟であり、方法論のひとつです。

というようなことを考えると、日本酒とは正解があってないような世界なので、むしろそれをたのしみながら読んでいただけたら、筆者としてありがたいのですが。

最後に。本書を書く上でご協力いただいた、日本酒に携わるすべての方々に、心より感謝を申し上げます。会うことが叶わない、無数の先人たちにもお礼をしたい。みなさんがいなければ、この本を書き上げることはできませんでした。ありがとうございます。度重なる書き直しに、根気よく向き合ってくださった、担当編集者の高部哲男さんにも、お礼を申し上げます。

日本酒とは飲めば消えてしまうもので、形には残りませんが、つくり手の思いや、日本酒がもたらす慈しみは、酒蔵から酒蔵へ、人から人へ、無形の匂いとして、連綿と受け継がれていくものだと思います。

「日本酒って、いったい」の答えは、たぶん、そういう形に残らないもののなかにあります。おいしい日本酒が自由に飲める、今の幸せを噛み締めながら。終。

2020年4月

山内聖子

参考文献

酒の話（小泉武夫著・講談社）
日本酒ルネッサンス（小泉武夫著・中央公論新社）
日本酒の近現代史（鈴木芳行・吉川弘文館）
日本酒百味百題（小泉武夫監修・柴田書店）
日本の酒（坂口謹一郎著・岩波書店）
江戸の酒（吉田元著・朝日新聞社）
近代日本の酒づくり（吉田元著・岩波書店）
日本酒の起源（上田誠之助著・八坂書房）
酒づくりの民族誌（山本紀夫編著・八坂書房）
酒米ハンドブック改訂版（副島顕子著・文一総合出版）
日本の伝統 発酵の科学（中島春紫著・講談社）
酒造教本（東京国税局鑑定指導室編・日本醸造協会）
日本醸造協会七十年史（日本醸造協会）
酒史研究１・６（日本酒史学会）
日本人はどこから来たのか？（海部陽介著・文藝春秋）
肝臓にぐぐっと効く生活習慣（主婦の友社）

協力（敬称略）

塚本鑛吉商店
福島県ハイテクプラザ会津若松技術支援センター
日本醸造協会
酒史学会
実践女子大学
（株）ハリズリー 執行役員（元国税庁主任鑑定官）石渡英和
きた産業（株）代表取締役 喜多常夫
日本酒造組合中央会 理事 宇都宮仁

本書で紹介した酒蔵

「山形正宗」水戸部酒造
山形県天童市原町乙7　☎023-653-2131

◎

「府中誉・渡舟・太平海」府中誉(株)
茨城県石岡市国府5-9-32　☎0299-23-0233

◎

「獺祭」旭酒造
山口県岩国市周東町獺越2167-4　☎0827-86-0120

◎

「花の香」花の香酒造
熊本県玉名郡和水町西吉地2226-2　☎0968-34-2055

◎

「長珍」長珍酒造
愛知県津島市本町3-62　☎0567-26-3319

◎

「廣戸川」松崎酒造
福島県岩瀬郡天栄村大字下松本字要谷47-1　☎0248-82-2022

◎

「群馬泉」島岡酒造
群馬県太田市由良町375-2　☎0276-31-2432

「仙禽」(株)せんきん
栃木県さくら市馬場106 ☎028-681-0011

◎

「澤の花」伴野酒造
長野県佐久市野沢123 ☎0267-62-0021

◎

「寫樂」宮泉銘醸
福島県会津若松市東栄町8-7 ☎0242-27-0031

◎

「開運」土井酒造場
静岡県掛川市小貫633 ☎0537-74-2006

◎

「萩の鶴・日輪田」萩野酒造
宮城県栗原市金成有壁新町52 ☎0228-44-2214

◎

「〆張鶴」宮尾酒造
新潟県村上市上片町5-15 ☎0254-52-5181

◎

「白隠正宗」髙嶋酒造
静岡県沼津市原354-1 ☎055-966-0018

◎

「AKABU」赤武酒造
岩手県盛岡市北飯岡1-8-60 ☎019-681-8895

著者おすすめの酒販店リスト

（順不同）

味ノマチダヤ

東京都中野区上高田1-49-12　☎03-3389-4551

◎

はせがわ酒店 東京駅GranSta店

（他に麻布十番店、日本橋店など）

東京都千代田区丸の内1-9-1 JR東日本東京駅構内B1F
☎03-6420-3409

◎

いまでやIMADEYA千葉本店

（他に銀座店、錦糸町店など）

千葉県千葉市中央区仁戸名町714-4　☎043-264-1439

◎

横浜君嶋屋

（他に銀座店、恵比寿店など）

神奈川県横浜市南区南吉田町3-30　☎045-251-6880

◎

伊勢五本店中目黒店

（他に千駄木店）

東京都目黒区青葉台1-20-2　☎03-5784-4584

酒舗まさるや鶴川店

（他にたまプラーザ店）

東京都町田市鶴川6-7-2-102　☎042-735-5141

◎

かき沼酒店

東京都足立区江北5-12-12　☎03-3899-3520

◎

さかや栗原町田店

（他に麻布店）

東京都町田市南成瀬1-4-6　☎042-727-2655

◎

三ツ矢酒店

東京都杉並区西荻南2-28-15　☎03-3334-7447

◎

かがた屋酒店

東京都品川区小山5-19-15　☎03-3781-7005

◎

酒の勝鬨

東京都中央区築地7-10-11　☎03-3543-6301

◎

大塚屋

（大塚酒店）

東京都練馬区関町北2-16-11　☎03-3920-2335

酒のなかがわ

東京都武蔵野市境2-10-2 ☎0422-51-3344

◎

朧酒店

東京都港区新橋5-29-2 新正堂第二ビル1F ☎03-6809-2334

◎

籠屋 秋元商店

東京都狛江市駒井町3-34-3 ☎03-3480-8931

◎

酒のサンワ本店

（他に合羽橋店）

東京都台東区北上野1-1-1 ☎03-3844-6092

◎

おいしい地酒とワインの店 ワダヤ

東京都品川区南品川5-14-14 ☎03-3474-3468

◎

地酒屋こだま

東京都豊島区南大塚2-32-8 ☎03-3944-0529

◎

かねゑ越前屋

東京都江東区三好1-8-3 ☎03-3641-2190

◎

泉屋酒店

福島県郡山市開成2-16-2 ☎024-922-8641

会津酒楽館 渡辺宗太商店

福島県会津若松市白虎町1　☎0242-22-1076

◎

植木屋商店

福島県会津若松市馬場町1-35　☎0242-22-0215

◎

高橋酒店

岩手県一関市千厩町千厩字北方30-1　☎0191-52-2381

◎

銘酒和屋

宮城県大崎市古川北町5-8-3-1　☎0229-24-3070

◎

地酒のカクイ

北海道苫前郡羽幌町南3-2-1　☎0164-62-1117

◎

ヤマショウ酒店

北海道札幌市中央区南3条西3三信ビル1F　☎011-210-3373

◎

さいとう酒店

北海道千歳市本町1-13　☎0123-23-2026

◎

桜本商店本店

（他に円山店）

北海道札幌市中央区南10条西7-4-3　☎011-521-2078

込山仲次郎商店

神奈川県横浜市戸塚区矢部町39-1 ☎045-864-8467

◎

坂戸屋

神奈川県川崎市高津区下作延2-9-9MSBビル1F ☎044-866-2005

◎

地酒や たけくま酒店

神奈川県川崎市幸区紺屋町92 ☎044-522-0022

◎

矢島酒店

千葉県船橋市藤原7-1-1 ☎047-438-5203

◎

久保山酒店

静岡県静岡市清水区庵原町169-1 ☎054-366-7122

◎

酒のいわせ

静岡県御殿場市川島田445-1 ☎0550-82-2009

◎

酒舗よこぜき

静岡県富士宮市朝日町1-19 ☎0544-27-5102

◎

日本酒専門店ましだや

栃木県下都賀郡壬生町大字壬生乙2472-8 ☎0282-82-0161

山中酒の店

大阪府大阪市浪速区敷津西1-10-19　☎06-6631-3959

◎

住吉酒販 博多本店

（他に六本松店、東京ミッドタウン日比谷店など）

福岡県福岡市博多区住吉3-8-27　☎092-281-3815

◎

大和屋酒舗

広島県広島市中区胡町4-3　☎082-241-5660

◎

地酒処 山田酒店

佐賀県佐賀市赤松町7-21　☎0952-23-5366

◎

いのもと酒店

熊本県熊本市東区帯山4-56-15　☎096-382-8088

◎

地酒処 たちばな酒店

熊本県熊本市南区田井島3-9-7　☎096-379-0787

◎

コセド酒店本店

（他に天文館店）

鹿児島県鹿児島市南栄6-916-72　☎099-268-3554

二〇二〇年五月二五日　第一刷発行
二〇二一年二月二二日　第二刷発行

いつも、日本酒のことばかり。

著者　山内聖子
校正校閲　鴎来堂
本文ＤＴＰ　松井和彌
編集　矢作奎太、高部哲男
発行人　北畠夏影
発行所　株式会社イースト・プレス
〒一〇一―〇〇五一　東京都千代田区神田神保町2―4―7久月神田ビル
電話　〇三―五二一三―四七〇〇
ファックス　〇三―五二一三―四七〇一
https://www.eastpress.co.jp/
印刷所　中央精版印刷株式会社

ISBN 978-4-7816-1879-1